起伏振动气液两相流动特性
研究与应用

周云龙　刘起超　著

科学出版社

北京

内 容 简 介

本书是作者在总结多年从事起伏振动气液两相流动特性理论和试验研究工作所取得的研究成果的基础上撰写而成的。全书共 9 章，主要内容包括高频低幅和低频高幅两种起伏振动下不同管道内的气液两相流型、摩擦压降和含气率特性以及气液两相流型识别方法等。

本书可供动力工程及工程热物理、核科学与工程等相关专业人员、工程设计人员阅读，也可作为高等院校相关专业的研究生教材、本科生选修教材或参考书。

图书在版编目（CIP）数据

起伏振动气液两相流动特性研究与应用/周云龙，刘起超著. —北京：科学出版社，2024.10

ISBN 978-7-03-078608-1

Ⅰ. ①起… Ⅱ. ①周… ②刘… Ⅲ. ①气体-液体流动-两相流动-研究 Ⅳ. ①O359

中国国家版本馆 CIP 数据核字（2024）第 109107 号

责任编辑：任加林 / 责任校对：赵丽杰
责任印制：吕春珉 / 封面设计：耕者设计工作室

科学出版社 出版

北京东黄城根北街 16 号
邮政编码：100717
http://www.sciencep.com

北京中科印刷有限公司印刷
科学出版社发行　　各地新华书店经销
*

2024 年 10 月第 一 版　　开本：B5（720×1000）
2024 年 10 月第一次印刷　　印张：13 3/4
字数：273 000

定价：120.00 元
（如有印装质量问题，我社负责调换）
销售电话 010-62136230　编辑部电话 010-62143239（BA08）

前　言

气液两相流是广泛存在于工业生产和日常生活中的流动现象,比如输油管道、锅炉的水冷壁、化工设备、水利输送和核电站的二回路等都存在气液两相流动。随着海洋工业的大规模发展,海洋能源供应问题日益突出。海上浮动核电站是解决海洋能源供应问题的有效途径,具有广阔的市场应用前景。我国是一个地震多发国家,地处环太平洋火山地震带和地中海-喜马拉雅地震带。上述设备在受到海浪或者地震纵波的作用时,会处于起伏振动状态,内部的气液两相流动在振动附加力的作用下变得更加复杂,其流动特性会发生一系列改变。目前对起伏振动气液两相流动特性的研究非常有限,理论基础比较薄弱。本书对起伏振动状态下不同管道内气液两相流的流型、摩擦压降和含气率进行系统的研究,定义起伏振动下不同管道内气液两相流型,分析不同参数对流型转变界限的影响规律,建立起伏振动下不同流型转换关系式;揭示振动和流动参数对摩擦压降和含气率的影响规律,评价现有摩擦压降和含气率计算模型的适用性,建立适用于起伏振动的摩擦压降和含气率计算模型;针对起伏振动下压差信号的复杂性,提出适用于起伏振动的气液两相流型识别新方法。本书对完善起伏振动气液两相流动理论基础,保障工业设备在地震和海洋环境中安全稳定运行有重要意义。

作者所领导的东北电力大学课题组在静止和起伏振动气液两相流动特性领域承担各类基金项目 10 余项,其中包括国家自然科学基金项目"起伏式振动状态下气液两相流型及流动特性参数检测研究"(编号:51776033)、"起伏式振动状态下气液两相流型及流动特性参数检测研究"(编号:51541608)、"基于数字图像处理技术的气液两相流型智能识别及演化规律"(编号:50976018)、"气液两相横向冲刷管束的绕流特性研究"(编号:50676017)四项;教育部科学技术研究项目"气液两相绕流钝体旋涡脱落特性数值及试验研究"(编号:206307)一项;吉林省科技发展计划项目"基于图像处理技术的气液两相流型识别方法"(编号:20101562)和"非圆截面微通道内气液两相流动特性"(编号:20060704)两项;吉林省教育厅科研项目"基于图像处理技术的气液两相流型智能识别及其演化规律"(吉教科合字〔2009〕99 号)一项。作者团队在多相流领域发表学术论文百余篇,其中起伏振动下气液两相流动特性相关论文 20 余篇,被 SCI 收录 5 篇,EI 收录 12 篇。

本书是作者多年来在起伏振动气液两相流动特性理论和应用方面所做的开创性工作的总结,对丰富起伏振动气液两相流理论有重要意义,同时对指导相关设备的设计及安全温度运行可提供技术指导。此外,本书还可以作为同行开展此类研究工作的参考。

作者所领导的课题组各位同仁和研究生常赫、陈聪、汪俊超、李姗姗、李昱庆、赵盘等为本书付出了辛勤劳动，在此向他们表示衷心感谢！本书也是作者所领导课题组集体劳动的成果。

本书的前言、第4章、第6章、第8章由周云龙教授撰写，第1～3章、第5章、第7章和第9章由刘起超讲师撰写。全书由周云龙教授统稿。

由于作者水平有限，书中难免存在缺点和不足，恳请读者批评指正。

周云龙

2023 年 12 月

目　　录

第1章 绪 论

气液两相流是一种广泛存在于自然界和现代工业生产过程中的一种流动现象，与人类的生产生活密切相关。目前，在能源动力、化工、石油、核能、制热制冷、冶金等诸多行业的生产设备中都存在典型的气液两相流动，如锅炉的水冷壁、核电站一回路以及气液混合器等。在海洋条件或者地震状况下，上述设备会处于振动状态，此时设备内部的气液两相流动也将处于振动状态。气液两相流自身的复杂性加上振动的影响，导致振动状态下气液两相流动更加复杂和不稳定，因此振动条件下气液两相流的流动特性是亟须研究突破的一个科学问题。

1.1 气液两相流的定义及分类

1.1.1 气液两相流的定义

从宏观角度来讲，自然界中存在气相、液相和固相三相。相是指某一系统中具有相同成分及相同物理、化学性质的均匀物质部分，各相之间具有明显可分的界面。气液两相流是指由气相和液相组合在一起、具有明显相间界面的流动体系，如空气和水两相流动以及蒸汽和水两相流动等。

1.1.2 气液两相流的分类

气液两相流的种类繁多，有不同的分类标准，大体可以按化学成分和通道是否存在热交换进行分类。

1. 按化学成分

两相流动体系可以是一种物质的两个相态，也可以是两种物质的两个相态。因此，两相流动体系可以分为单组分气液两相流和双组分气液两相流。

单组分气液两相流是同一种化学成分的物质的气相和液相混合到一起的流动，典型的为蒸汽-水混合物流动。

双组分气液两相流是两种化学成分的物质的气相和液相混合到一起的流动，典型的如空气-水和空气-油混合物流动。

2. 按通道是否存在热交换

根据应用背景不同，有的气液两相流动不需要换热，有的需要换热，因此可以根据通道是否存在热交换分为绝热气液两相流和非绝热气液两相流。

绝热气液两相流在流动过程中无相变，不存在相间质量交换，如汽水分离。

非绝热气液两相流在流动过程中可能会存在相变，有相间质量交换，如沸腾和冷凝。

1.2　振动状态下气液两相流研究现状

随着我国海洋强国建设和"一带一路"倡议的推进，加速发展海洋经济、促进海洋资源开发利用已成为我国现阶段发展的重要方向之一[1]。近年来，海洋能源供应问题日益突出，海上漂浮核电站是搭载有小型反应堆的海上运行装备，具有可持续供能、清洁环保、机动性好、不占用陆地资源等优点，可用于海上供电和海水淡化等领域，是解决海洋能源供应问题的有效途径，具有广阔的市场应用前景[2]。俄罗斯建造了世界第一座漂浮核电站——俄罗斯"罗曼诺索夫院士"号，开启了漂浮核电站的工业之路[3]。

我国是一个地震多发国家，地处环太平洋火山地震带和地中海-喜马拉雅地震带。据中国地震局数据统计，2000～2021 年底，我国境内发生 5.0 级以上地震775 次，平均每年发生 37 次，超过 7 级的也有 13 次。地震纵波的影响范围很大，高等级地震甚至会波及多个省份，对火电站、核电站以及化工等行业造成一定的影响。

地震引起的纵波频率多数在几赫兹范围内，振幅在数毫米到数厘米之间。海洋条件引起的起伏振动频率在 2Hz 范围内，振幅在数十厘米到数米之间。地震纵波引起的起伏振动频率较大而振幅较小，海洋条件引起的起伏振动反之。为了便于区别，将地震引起的振动称为高频低幅起伏振动，将海洋条件引起的振动称为低频高幅起伏振动。

在海洋或地震条件下，设备处于一种六自由度振动状态[4]，如图 1-1 所示。按船舶的运动可以分为横荡、纵荡、垂荡、艏摇、横摇和纵摇。其中，纵荡、横荡和垂荡分别为沿 X 轴、Y 轴和 Z 轴的直线往复运动，横摇、纵摇和艏摇为绕 X轴、Y 轴和 Z 轴的摇摆往复运动。为了方便研究，常把运动简化为单一运动独立研究，目前研究较多的有横荡、垂荡和横摇，其中横荡又称横向振动，垂荡又称起伏振动，横摇称为摇摆运动。

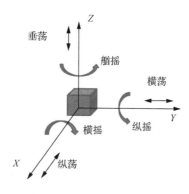

图 1-1　六自由度运动示意图

目前对非运动状态下气液两相流的流型、压降和含气率的研究已经取得了丰硕的成果，存在公认的不同管道下气液两相流型图，压降和含气率计算模型也取得了很大的进展，得出了适用于不同管道和不同流型的计算模型。然而，当管道处于运动状态时，管内流动会受到运动附加力的作用，气泡的聚合和破裂规律会发生改变，导致流型、流型转变规律、压降和含气率发生改变。目前运动状态气液两相流动的研究多数集中在摇摆运动方面，起伏振动状态下气液两相流动特性的研究非常少，为了保障设备在起伏振动状态下的安全稳定高效运行，需要对起伏振动下气液两相流动特性进行深入研究。

1.2.1　起伏振动气液两相流特性

1. 流型及流型转变界限

气液两相流型是气液两相流动的关键特性参数之一。起伏振动引入的附加力会在一定程度上对相界面的分布产生影响，进而影响气液两相流型。目前对起伏振动下气液两相流型的研究主要集中于流型和流型转变界限的变化规律。赵盘[5]对液相的体积流量参数范围为 $0\sim5.0\text{m}^3/\text{h}$，气相的体积流量参数范围为 $0.1\sim35\text{m}^3/\text{h}$，振动频率为 $0\sim8\text{Hz}$，振幅为 $0\sim10\text{mm}$ 工况下水平管气液两相流型进行了可视化研究，将流型划分为沸腾波状流、弹状-波状流、泡弹流、珠状流、泡状流和环状流，其中定义了沸腾波状流、珠状流和弹状-波状流三种新流型；以试验数据为基础，绘制了不同振动条件下的流型图；对比了起伏振动下不同流型的压差信号，发现与静止管道不同，起伏振动下不同流型的压差信号均表现出剧烈的波动，但是在压差的幅值方面仍保持静止管道流型的转变规律；通过改变振动频率和振幅，得出振动频率和振幅对流型转变界限的影响规律。李珊珊[6]对振动频率为 2Hz、5Hz 和 8Hz，振幅为 5mm、8mm 和 10mm，倾斜角度为 5°、10°、15°和 25°的倾斜管内气液两相流型及转变规律进行了相关研究，得出起伏振动状态下倾斜管中的流型主要有珠状流、泡状流、起伏弹状流、准弹状流和环状流，其中珠状流、起伏弹状流为起伏振动条件下发现并重新定义的新流型；分析了管道倾角、振幅和频率对流型转变界限的影响规律；采用多尺度熵分析方法对不同流型的压差信号进行分析，揭示了不同流型下的动力学特性，并提出了基于多尺度熵率的起伏振动倾斜管气液两相流型识别方法。汪俊超[7]在为 2Hz、5Hz 和 8Hz，振幅为 2mm、5mm 和 8mm 下对 20°～45° 倾斜上升管内气液两相流型进行了相关研究，将流型定义为弥散泡状流、起伏弹状流、准弹状流和液环式环状流，其中液环式环状流是新出现的流型；分析了振动频率、振幅和倾角对流型转变界限的影响规律，基于静止管道流型转变机理，考虑振动附加力的作用，建立了起伏振动倾斜上升管气液两相流型转变模型；基于互补型集合经验模式分解和概率神经网络，实现对起伏振动气液两相流型的准确识别。

2. 摩擦压降特性

起伏振动会加剧气液两相流体微团和管壁以及相间作用，导致摩擦压降发生变化。李昱庆[8]在振动频率为 2Hz、5Hz 和 8Hz，振幅为 5mm、8mm 和 10mm 下对水平管摩擦压降进行了相关研究，验证了 6 种摩擦压降计算模型的适用性，分析了振幅、频率和体积含气率对摩擦压降的影响规律，发现振幅和频率的增大均导致摩擦压降的增大，而随着体积含气率的增大，摩擦压降有所减小。Zhou 等[9]对起伏振动下气液两相流摩擦压降进行了相关研究，评价了非运动状态下计算模型的适用性，发现在振动频率 5Hz、振幅 2mm 时现有的分相模型依然可以适用，随着气液折算速度比值的增大，振动对摩擦压降的影响减小。周云龙等[10-11]采用数值计算方法研究起伏振动下流型转变和摩擦压降变化规律，发现振动频率对相界面波动程度有显著影响，而振幅则主要影响截面含气率，对比了非线性振动工况下的平均摩擦压降和经验公式的计算结果，发现两者在数值和分布上均无明显差异，稳定状态下两相流摩擦压降计算公式同样适用于非线性振动工况；瞬时摩擦压降的波动幅度随振幅和振动频率的增大而增大，且与振幅相比，振动频率对其影响更大。Wei 等[12-13]采用数值计算方法对倾斜、升潜和摇摆条件下自然循环单相流和两相流的自然循环驱动力、流量和阻力特性进行了详细研究，发现三者都呈现正弦波动特性，且驱动力波动的相位较流量和阻力提前，而流量和阻力同步变化；随着振动频率的增大，驱动力和阻力波动的相位差减小。

3. 含气率特性

含气率是气液两相流的重要特征参数之一，对流动和传热参数的确定有重要作用。起伏振动引起相界面的变化，进而导致含气率发生变化。目前对起伏振动气液两相流含气率的研究较少，Xiao 等[14]对起伏振动下垂直上升管含气率变化进行了详细研究，流型范围包含了从泡状流到环状流的全部流型，结果表明低幅值起伏振动时系统流量无明显波动，在低流速下起伏振动对含气率的影响很大，含气率变化能够达到 55%，随着表观气相流速的增大，起伏振动对含气率的影响逐渐减小。Chen 等[15]对起伏振动对垂直上升管气液两相流含气率的变化规律进行了试验研究，发现起伏振动状态下，当流型为泡状流或者液相流速相对较低时，管道中含气率在振动作用下有所降低，泡状流与弹状流过渡边界附近的含气率增大，段塞流中含气率无明显变化。

1.2.2　横向振动下气液两相流动特性

目前对横向振动下气液两相流的研究相对较少。高岳等[16]对弯曲柔性立管举升气液两相流型进行研究，发现柔性立管中出现了泡状流、泡状-段塞流、段塞流、段塞-搅拌流和搅拌流五种流型，不同流型的气液两相流诱导立管振动的机理不同，在段塞-搅拌流作用时立管的振动响应最剧烈。与固定立管相比，强烈的振动不同程度地改变了气液两相流的流动特性，振动立管中部分两相流型转变的临界条件有明显的调整，相对而言，振动对搅拌流和泡状流的影响较小。孙博等[17]对横向振动下水平通道内气液两相流型进行了相关研究，指出横向振动工况下流型与稳定状态相比，其基本特征大体一致，但气液相界面波动程度及含气率差异较大；不同振动参数下典型流型主要包括泡状流、弹状流、分层流、波状流及环状流；绘制流型转变界限结果显示，振动参数的增大导致弹状流及波状流区域增大，分层流及环状流区域减小，且振动参数的改变对弹状流转变界限有更为显著的影响。李州[18]对振动频率为 0.5Hz、0.8Hz、0.9Hz 和 1Hz，振幅 60mm、80mm、100mm 和 120mm，直径 20mm 水平管气液两相流型进行了数值计算研究；发现存在层状流、塞状流、泡状流、沸腾波状流、波状流、卷击弹状流、准弹状流和环状流；其中，新发现了沸腾波状流和卷击弹状流两种流型；分析了振动频率和振幅对流型转变界限的影响规律，发现振动频率和振幅对流型转变界限的影响比较复杂，不呈线性相关。

1.2.3　摇摆振动气液两相流动特性

摇摆运动是海洋条件下引起的一种典型运动，对气液两相流动特性有显著的影响。众多学者采用试验方法对摇摆条件下不同管道内气液两相流动特性进行了一系列的研究，取得了丰硕的研究成果。

1. 流型及流型转变界限

张金红等[19]对摇摆状态水平管气液两相流型进行了试验研究，发现摇摆状态气液两相流型和流速有关；当低流速时，摇摆状态下水平管内流动变得很不稳定，流型发生周期性的改变；当水平管处于倾斜向上或倾斜向下状态时，管内流型分别有些近似于非摇摆的稳定状态倾斜上升或倾斜下降管内流型，并且流型转变要经历一个发展的过程，发展快慢与气相和液相流速大小有关；而在高液相或高气相流速时，摇摆状态下与非摇摆稳定状态下的两相流流型相近，主要有泡状流、间歇流（弹状流和准弹流）和环状流。张金红等[19]还分析了一个摇摆周期不同时间段内水平管出现的流型，进一步加深了摇摆运动对水平管流型转变影响的认识。栾锋等[20]对摇摆和非摇摆状态下垂直管空气-水两相流型进行对比，发现摇摆状态下充分发展的两相流型主要是泡状流、弹状流、搅混流和环状流，绘制了静止和摇摆状态的流型图，发现摇摆对流型转变界限有显著的影响，在相同液相折算速度下，泡状流和搅混流转变界限需要的气相折算速度减小，环状流需要更大的气相折算速度；对摇摆状态下水平圆管内气液两相流型进行了系统研究，发现由于摇摆运动的影响，水平管内流型出现了较大变化，主要存在分层流-逆向分层流、间歇流、分层流-间歇流、分层流-弹状流、准弹状流、泡状流、泡状流-间歇流和环状流，结合压差信号分析了不同流型下压差信号的差异。这说明摇摆运动对水平管气液两相流的影响比较显著，会出现多种组合流型[21]。范广铭等[22]将摇摆状态和非摇摆状态的竖直管流型进行了对比，发现摇摆状态下弹状流的弹头形状变为倾斜状，搅混流的气泡则分布在一侧，环状流左右两侧的液膜厚度不一致，泡状流的气泡分布不均匀，这说明管道运动对气液两相的分布有一定影响。摇摆运动下出现了较多的过渡流型。

　　贾辉等[23]对摇摆状态下垂直上升圆管气液两相流型进行定义，认为主要存在泡状流、弹状流、搅混流和环状流，并且分析了管径、摇摆周期和角度对流型转变界限的影响，发现在液相折算流速一样的情况下，管径增加、摇摆周期缩短或摇摆角度减小会使得环状流形成需要更高的气体折算流速，弹状流向搅混流转变所需气相流量则随着管径的减小、摇摆周期的增加或摇摆角度的减小而增加；而在气相折算流速一样的条件下，管径增加、摇摆周期缩短或摇摆角度增大会使泡状流产生需要更高的液相流量。这说明摇摆运动虽然对流型的分类无明显影响，但是对流型的转变界限有显著的影响。王广飞等[24]对摇摆状态竖直窄矩形通道流型进行研究并绘制了流型图。他发现由于窄矩形通道空间有限，管内摩擦力占主导地位，附加惯性力对流动的影响可以忽略，因此摇摆对该通道内气液两相流型影响较弱，和静止窄矩形通道类似，摇摆窄矩形通道内依然主要存在泡状流、弹状流、搅混流和环状流四种典型流型。阎昌琪等[25]对摇摆状态下竖直上升管内流型转变界限进行了分析，同样发现摇摆使泡状流提前转变为弹状流，搅混流区域加宽。高岳等[26]针对柔性立管研究了流致振动下立管内气液两相流型及转变界限，发现振动对流型转变界限有显著的影响。张金红[27]在非振动状态下流型转变机理基础上对模型进行改进，考虑摇摆对流型转变的影响，修正了巴尔内亚（Barnea）给出的临界直径计算中由浮力作用使气泡向管顶漂移的临界尺寸计算关系式，在此基础上得出摇摆状态下竖直管内分散泡状流向弹状流的转变关系式。

此外还考虑摇摆对泰勒（Taylor）气泡上升速度的影响，采用漂移通量模型方法得出了弹状流向搅混流的转变关系式，采用 Barnea 的理论模型，结合受力分析得出了环状流向搅混流的转变关系式。Xie 等[28]基于静止管道流型转变机理，考虑摇摆的影响，提出了垂直上升管流型转变模型。

2. 摩擦压降特性

国内外对运动状态下摩擦压降的研究多数集中在摇摆运动。Pendyala 等[29]研究了水平圆管在低频振动下摩擦压降的变化并建立了摩擦压降的计算模型。高璞珍等[30]分析了海洋条件下冷却剂流动模型，为运动状态下的附加压降计算提供了理论依据。曹夏昕等[31]在不同摇摆周期和角度下对不同管径的竖直圆管内单相水摩擦压降进行了试验研究，发现摩擦阻力系数随时间变化有明显的周期性，雷诺数（Re）增大导致摩擦阻力系数的波动幅值降低、平均值减小，管径越粗使得摩擦阻力系数的波动幅度越大；在任意时刻，摩擦阻力系数的瞬态值随周期的变长而增大，但是摇摆角度的变化对摩擦阻力系数的影响不是很显著；在单相流研究基础上，对摇摆状态下 3 种不同管径的竖直管内环状流和泡状流摩擦压降进行了计算，发现采用传统的计算模型得到的结果误差较大，并在传统计算方法的基础上建立了摇摆状态下环状流和泡状流的摩擦压降计算模型，计算结果与试验值符合性比较好[32-33]。

张金红[27]对摇摆状态下单相流动摩擦压降进行了理论推导，得到水平管和竖直管单相水摩擦系数表达式，并分析了 Re、管径、摇摆周期和摇摆角度对单相水摩擦系数的影响，定义了摇摆 Re，最终建立适用于水平、倾斜和竖直管的单相水摩擦系数计算关系式，与试验结果符合性较好；在单相流动摩擦压降基础上，进一步对摇摆状态下两相流压降特性进行研究，基于分相模型理念建立了考虑摇摆参数的环状流摩擦压降计算模型，计算结果与试验值较好吻合。

Xing 等[34]对常规圆形管道和窄通道内单相流和气液两相流摩擦压降进行了一系列的研究。对于单相流，他指出在开放回路中摇摆引起的流量波动是导致单相流摩擦压降波动的根本原因，分析了摇摆对单相流摩擦压降的影响机理，并利用 π 定理建立了摇摆状态开放回路单相水摩擦阻力系数计算关系式，在摇摆周期为 8～16s，摇摆角度为 10°～30°，Re 范围为 400～2600 内与试验结果较为一致[34]；对于两相流，其深入分析了摇摆对两相流平均阻力和瞬时摩擦阻力的影响，指出传统非运动状态摩擦压降关系式不能用于周期性变化的摩擦压降的计算[35]；采用量纲分析法将摇摆运动参数耦合到奇泽姆（Chisholm）模型的 C 值计算关系式中，建立了适用于摇摆状态的两相流摩擦阻力计算模型，解决了非稳定条件下两相流瞬时摩擦压降的计算难题。

金光远[36]对摇摆状态下窄矩形通道内两相流摩擦压降进行了充分的研究，针对以往摇摆状态的含气率仍然采用非摇摆状态计算模型所带来的误差，其采用图像处理方法得到试验段内的含气率，用于摇摆状态摩擦压降的计算，在一定程度上减小了计算误差。他深入分析了摇摆状态下窄矩形通道内泡状流、弹状流和环状流的阻力特性，分别从分相模型 C 值和基于达西（Darcy）公式的摇摆摩擦阻力系数两个方面对现有模型进行改进，建立了适用于摇摆状态的窄矩形通道摩擦阻力计算模型。

谭思超等[37]对摇摆运动下窄矩形通道低流速单相瞬变流动时均阻力特性进行了试验研究，发现先求解阻力系数和先求解压差再求解阻力系数结果不同，分别能够代表时均黏性耗散和时均摩擦阻力压降。谢清清等[38]在不同摇摆周期和角度下对光滑窄矩形通道内单相流动阻力特性进行了试验研究，发现摩擦阻力系数具有周期性波动特性，摩擦阻力系数与雷诺数成反比，与摇摆角加速度成正比。

Chen 等[39]研究了摇摆状态对矩形窄通道沸腾流动摩擦压降的影响。结果表明，总附加压降与摇摆运动有相同的周期性，且随摇摆幅度和摇摆频率的增加而增大；在沸腾区，时均附加压降比摩擦压降小 2～3 个数量级。两相摩擦压降的波动幅度随摇摆振幅、摇摆周期和热流的增大而增大，随系统压力的增大而减小。陈虹等[40]计算了起伏振动时液氢流动的平均摩擦压降，发现振动会导致压降的增大；但其中涉及相变问题，将压降的增大归因于管内气相的增加。Yu 等[41]研究了摇摆状态下窄矩形通道内气液两相流压降的波动规律，发现摇摆状态下瞬时压降的波动存在明显的摇摆频率，因此摇摆状态下的压降可以看作压降本身波动和管道运动的叠加，为运动状态下压降的分析提供了解决思路。

Dashliborun 等[42]将机器人和能够六自由度运动的试验台连在一起，对压降、含液率、流型转换等进行了研究，对压降和含液率时间序列的概率密度函数进行矩分析，发现由于周期性重力的作用，流型转换需要的速度随着横摇或起伏运动周期的增大而增大。Yan 等[43]对摇摆状态下棒束通道内气液两相流动特性进行了研究，发现摇摆状态下棒束通道内时均和瞬时摩擦压降系数与非运动状态下差别不大，但是在低气相流速和低液相流速下摇摆运动使瞬时摩擦压降系数的波动显著增大，随着摇摆幅度的增大，相对摩擦阻力系数的波动幅值随之增大，并在此基础上建立了摇摆状态下棒束通道内瞬时摩擦阻力系数的计算公式，计算值与试验值吻合较好。

3. 含气率特性

对摇摆状态下气液两相流截面含气率的研究相对较少，于凯秋等[44]对不同管径、摇摆周期和摇摆角度下的竖直有机玻璃管内两相流空泡份额变化规律进行了分析。对试验数据的分析发现，管径增加会使相同容积含气率下的空泡份额减小；弹状流区域内，摇摆角度增加使得空泡份额降低，随着容积含气率的增大，摇摆角度改变对空泡份额的影响减弱；相对于摇摆角度对空泡份额的影响而言，摇摆周期的改变对空泡份额的影响并不明显。田道贵等[45]采用光学探针测量摇摆状态下两相流截面含气率，验证了光学探针在摇摆状态两相流含气率测量中的适用性。许升[46]采用数值计算方法研究了摇摆对棒束通道内截面含气率的影响，得出了摇摆对气泡分布的影响规律。金光远[36]研究了摇摆运动对矩形通道泡状流截面含气率的影响，将振动参数考虑到含气率的计算中，建立了摇摆运动下泡状流截面含气率的计算模型，通过和试验结果进行对比发现新建立的计算模型能够更加准确预测截面含气率。

4. 起伏振动状态气液两相流动特性研究存在的问题

通过对国内外文献分析可以看出，经过大量学者数十年的研究，在非运动状态气液两相流动特性方面取得了丰硕的研究成果，得到了公认的不同管道下气液两相流型图，压降和含气率计算模型也取得了很大的进展，得出适用于不同管道和不同流型的计算模型。对摇摆运动下的气液两相流动特性，也取得了比较丰硕的成果，绘制了摇摆状态水平管、倾斜管和垂直管的流型图，建立了摇摆状态流型转变关系式，得出摇摆状态不同管道内单相流和两相流摩擦压降计算模型，深入分析了摇摆条件下气弹的和气泡的运动特性，建立了摇摆条件下泡状流截面含气率计算关系式。然而对起伏振动气液两相流动特性目前研究较少，存在以下问题。

（1）气液两相流型的定义比较复杂，不同研究者对相同流型的定义存在区别。起伏振动下流型更加复杂，特别是流型过渡区容易出现新的流型，但是没有统一的定义标准，需要系统地对不同管道内的流型进行定义并绘制流型图。此外，目前缺少对起伏振动气液两相流型转变关系式的研究，而采用静止状态下的流型转变关系式对流型的预测结果误差较大，需要建立适用于起伏振动的气液两相流型转变关系式。

（2）起伏振动下气液两相间作用更加复杂，摩擦压降受到明显的影响。目前对起伏振动下摩擦压降的研究较少，起伏振动对摩擦压降的影响规律尚不明确，静止管道摩擦压降计算模型的适用性未知，缺少适用于起伏振动的摩擦压降计算模型。

（3）目前对起伏振动下含气率的研究较少，起伏振动对含气率的影响规律尚不明确，静止管道含气率计算模型的适用性未知，缺少适用于起伏振动的含气率计算模型。

本书基于自行搭建的起伏振动气液两相流试验台，对起伏振动气液两相流动特性进行了系统性研究，获得起伏振动下不同管道内气液两相流型及流型转变机理，揭示了管道运动参数对摩擦压降和含气率的影响规律，建立运动条件下摩擦压降和含气率计算模型. 本书研究成果对运动条件下气液两相流基础理论的完善以及相关设备的准确设计具有重要意义.

参 考 文 献

[1] 金永明, 赵昕, 韩立民. "中国建设海洋强国的意义与任务"笔谈[J]. 中国海洋大学学报(社会科学版), 2022(3): 1-8.

[2] 程坤, 谭思超. 海洋条件下反应堆热工水力特性研究进展[J]. 哈尔滨工程大学学报, 2019, 40(4): 655-662.

[3] 何海洋. 俄罗斯漂浮核电站建造历史与发展前景[J]. 能源研究与管理, 2020(1): 5-9.

[4] Ghadimi P, Bandari H P, Rostami A B. Determination of the heave and pitch motions of a floating cylinder by analytical solution of its diffraction problem and examination of the effects of geometric parameters on its dynamics in regular waves[J]. International Journal of Applied Mathematical Research, 2012, 1 (4): 611-633.

[5] 赵盘. 起伏式振动状态下水平管内气液两相的流型特性[D]. 吉林: 东北电力大学, 2017.

[6] 李珊珊. 起伏振动状态下倾斜管内气液两相流动特性[D]. 吉林: 东北电力大学, 2018.

[7] 汪俊超. 起伏振动下倾斜圆管内气液两相流型及识别研究[D]. 吉林: 东北电力大学, 2020.

[8] 李昱庆. 起伏振动对水平管气液两相流型及摩擦压降的影响[D]. 吉林: 东北电力大学, 2019.

[9] Zhou Y L, Chang H, Lv Y Z. Gas-liquid two-phase flow in a horizontal channel under nonlinear oscillation: flow regime, frictional pressure drop and void fraction[J]. Experimental Thermal and Fluid Science, 2019, 109: 109852.

[10] 周云龙, 常赫, 刘起超. 非线性振动下水平通道气液两相流动[J]. 化工学报, 2019, 70(7): 2512-2519.

[11] 周云龙, 常赫. 非线性振动下水平通道内气液两相流动研究[J]. 原子能科学技术, 2019, 53(6): 1014-1020.

[12] Wei L, Pan L M, He H, et al. Numerical study on single-phase flow of natural circulation under ocean condition using coupled relap5 system code and fluent code[J]. Nuclear Engineering and Design, 2019, 343: 138-150.

[13] Wei L, Pan L M, Zhao Y M, et al. Numerical study of adiabatic two-phase flow patterns in vertical rectangular narrow channels[J]. Applied Thermal Engineering, 2017, 110: 1101-1110.

[14] Xiao X, Zhu Q Z, Chen S W, et al. Investigation on two-phase distribution in a vibrating annulus[J]. Annals of Nuclear Energy, 2017, 108: 67-78.

[15] Chen S W, Hibiki T, Ishii M, et al. Experimental investigation of horizontal forced-vibration effect on air-water two-phase flow[J]. International Journal of Heat and Fluid Flow, 2017, 65: 33-46.

[16] 高岳, 朱红钧, 王珂楠, 等. 弯曲柔性立管举升气液两相流时的流固耦合效应研究[J]. 海洋工程, 2022, 40(1): 39-49.

[17] 孙博, 周云龙, 刘启超. 横向振动下水平通道内气液两相流型研究[J]. 振动与冲击, 2021, 40(20): 302-306.

[18] 李州. 横向振动状态下水平管内气液两相流型数值模拟[D]. 吉林: 东北电力大学, 2021.

[19] 张金红, 阎昌琪, 方红宇, 等. 摇摆对水平管内气液两相流流型的影响[J]. 核科学与工程, 2007, 27(3): 206-212.

[20] 栾锋, 阎昌琪, 曹夏昕. 摇摆对竖直管内气-水两相流流型的影响分析[J]. 工程热物理学报, 2007, 28(S1): 217-220.

[21] 栾锋, 阎昌琪. 摇摆状态下水平管内气-水两相流的流型研究[J]. 核动力工程, 2007, 28(2): 19-23.

[22] 范广铭, 阎昌琪, 曹夏昕. 摇摆状态与竖直状态下两相流流型和压差波动的对比研究[J]. 应用科技, 2006, 33(7): 60-63.

[23] 贾辉, 曹夏昕, 阎昌琪, 等. 摇摆状态下气液两相流流型转变的实验研究[J]. 核科学与工程, 2006, 26(3): 209-214.

[24] 王广飞, 阎昌琪, 曹夏昕, 等. 摇摆状态下窄矩形通道内两相流流型特性研究[J]. 原子能科学技术, 2011, 45(11): 1329-1333.

[25] 阎昌琪, 于凯秋, 栾锋, 等. 摇摆对气-液两相流流型及空泡份额的影响[J]. 核动力工程, 2008, 29(4): 35-38.

[26] 高岳, 朱红钧, 王柯楠, 等. 弯曲柔性立管举升气液两相流时的流固耦合效应研究[J]. 海洋工程, 2022, 40(1): 39-49.

[27] 张金红. 摇摆状态下气水两相流流型及阻力特性研究[D]. 哈尔滨: 哈尔滨工程大学, 2009.

[28] Xie T Z, Xu J J, Chen B D, et al. Upward two-phase flow patterns in vertical circular pipe under rolling condition[J]. Progress in Nuclear Energy, 2020, 129:103506.

[29] Pendyala R, Jayanti S, Balakrishnan A R. Flow and pressure drop fluctuations in a vertical tube subject to low frequency oscillations[J]. Nuclear Engineering and Design, 2008, 238(1): 178-187.

[30] 高璞珍, 庞凤阁, 王兆祥. 核动力装置一回路冷却剂受海洋条件影响的数学模型[J]. 哈尔滨工程大学学报, 1997(1): 24-27.

[31] 曹夏昕, 阎昌琪, 孙立成, 等. 摇摆状态下竖直管内单相水阻力特性实验研究[J]. 核动力工程, 2007, 28(3): 51-55.

[32] 曹夏昕, 阎昌琪, 孙中宁. 气-液两相泡状流在摇摆状态下的摩擦压降计算[J]. 核动力工程, 2007, 28(1): 72-77.

[33] 曹夏昕, 阎昌琪, 孙中宁. 摇摆状态下竖直管内环状流摩擦压降计算[J]. 核动力工程, 2007, 28(2): 24-27.

[34] Xing D C, Yan C Q, Sun L C, et al. Effects of rolling on characteristics of single-phase water flow in narrow rectangular ducts[J]. Nuclear Engineering and Design, 2012, 247: 221-229.

[35] 辛莫川. 摇摆对矩形通道内流动阻力特性的影响研究[D]. 哈尔滨: 哈尔滨工程大学, 2013.

[36] 金光远. 摇摆对矩形通道内两相流动阻力特性影响的研究[D]. 哈尔滨: 哈尔滨工程大学, 2014.

[37] 谭思超, 王占伟, 兰述, 等. 摇摆运动下窄矩形通道单相瞬变流动时均阻力特性研究[J]. 核动力工程, 2013, 34(S1): 51-54.

[38] 谢清清, 阎昌琪, 曹夏昕, 等. 摇摆状态下窄通道内单相阻力特性实验研究[J]. 原子能科学技术, 2012, 46(3): 294-298.

[39] Chen C, Gao P Z, Tan S C, et al. Effects of rolling motion on thermal-hydraulic characteristics of boiling flow in rectangular narrow channel[J]. Annals of Nuclear Energy, 2015, 76: 504-513.

[40] 陈虹, 郑尧, 常华伟, 等. 振动对水平管内液氢两相流影响的数值模拟[J]. 低温技术, 2018, 45(5): 8-12.

[41] Yu Z T, Tan S C, Yuan H S, et al. Experimental investigation on flow instability of forced circulation in a mini-rectangular channel under rolling motion[J]. International Journal of Heat and Mass Transfer, 2016, 92: 732-742.

[42] Dashliborun A M, Larachi F. Hydrodynamics of gas-liquid cocurrent downflow in floating packed beds[J]. Chemical Engineering Science, 2015, 137: 665-676.

[43] Yan C X, Shen J Y, Yan C Q, et al. Resistance characteristics of air-water two-phase flow in a rolling 3×3 rod bundle[J]. Experimental Thermal and Fluid Science, 2015, 64: 175-185.

[44] 于凯秋, 曹夏昕, 阎昌琪, 等. 摇摆状态下两相流空泡份额变化规律分析[J]. 哈尔滨工程大学学报, 2008, 29(11): 1250-1254.

[45] 田道贵, 孙立成, 阎昌琪, 等. 摇摆状态下两相流动局部参数光学探针测量实验[J]. 核动力工程, 2013, 34(4): 95-99.

[46] 许升. 摇摆条件棒束通道相态特性的数值研究[D]. 重庆: 重庆大学, 2017.

第2章 气液两相流的基本参数和基本方程

气液两相流动包含两种流动介质，每种介质都有对应的流动参数，且两相介质既不完全独立，也不是完全均匀混合，因此存在一些关联参数。因此，两相流的流动参数非常复杂，种类繁多，按照种类可以分为速度类参数、含量类参数和密度类参数。

单相流体的流动遵循连续性方程、动量方程和能量方程，气液两相流动也是流动的一种形式，同样存在连续性方程、动量方程和能量方程，区别在于两相流的三个方程更加复杂，需要对流动形态进行假设，基于均相模型和分相模型进行处理。

2.1 基本物理量

气液两相流是一种复杂的流动形式，为了描述气液两相流动状态，除了需要用到单相流的速度、压力、温度、密度外，还需要采用很多两相流的特定参数，比如折算速度、质量流量、体积含气率和流动密度等。

2.1.1 速度类参数

两相流的速度类参数很多，主要包括流量类参数和流速类参数，其中又包括各相和两相混合物的流量和流速，还定义了折算流速，不同流量和流速的表达式很复杂，主要包括以下几类。

1. 流量类参数

1）质量流量

两相流的总质量流量表示单位时间内流过任一通道截面的气液混合物的总质量。气相质量流量和液相质量流量与两相质量流量的关系为

$$M = M_G + M_w \tag{2-1}$$

式中：M 为气液混合物质量流量；M_G 和 M_w 为气相和液相质量流量，kg/s。

2）体积流量

两相流的总体积流量定义为单位时间内流过任一通道截面的气液混合物的总体积。气相体积流量和液相体积流量与两相总体积流量的关系为

$$Q = Q_G + Q_W \tag{2-2}$$

式中：Q 为两相混合物的体积流量；Q_G 和 Q_W 为气相和液相的体积流量，m^3/s。

2. 速度类参数

1）气相和液相速度

气相和液相速度表示气相或液相在管道内流动时的真实速度，又称实际速度或真实速度。定义为单位时间内，该相流过通道某一截面的体积流量与该相在通道截面内所占的截面积之比，单位为 m/s。液相真实平均速度定义为

$$v_W = \frac{Q_W}{s_W} \tag{2-3}$$

式中：v_W 为液相真实速度，m/s；s_W 为液相所占管道的横截面积，m^2。

气相的真实平均速度为

$$v_G = \frac{Q_G}{s_G} \tag{2-4}$$

式中：v_G 为气相真实速度，m/s；s_G 为气相所占管道的横截面积，m^2。

气相和液相速度以及气相和液相占管道的横截面积示意图如图 2-1 所示。

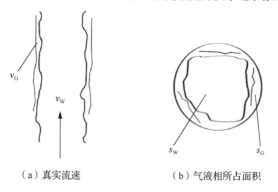

（a）真实流速　　　　　　　　（b）气液相所占面积

图 2-1　气液相真实流速及所占面积示意图

2）气相和液相折算速度

气液两相真实速度和两相含量有关，无法直接通过体积流量计算得出。为了能够直观描述气液两相流动参数，假设某相物质以一定的体积流量单独地流过管道，此时的速度定义为折算速度，又称表观速度，如式（2-5）和式（2-6）所示。折算速度在实际中是不存在的，不具备实际物理意义，只是为了便于研究而引入的假想速度，如图 2-2 所示。

$$J_G = \frac{Q_G}{s} \tag{2-5}$$

$$J_W = \frac{Q_W}{s} \qquad (2-6)$$

式中：J_G 和 J_W 分别为气相和液相折算速度，m/s；s 为管道横截面积，m^2。

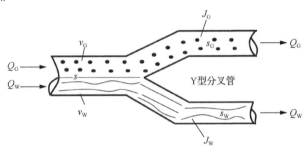

图 2-2　折算速度示意图

3）两相混合速度

两相混合速度表示两相混合物在单位时间内流过截面的总容积与流通截面的面积之比，即

$$W = \frac{Q}{s} = \frac{Q_G + Q_W}{s} = J_G + J_W \qquad (2-7)$$

式中：v 为两相混合速度，m/s。

4）滑速比

一般情况下，在两相流中气相和液相的流动速度是不一致的，气相和液相之间存在相对滑移。将气相和液相的速度之比称为滑速比，即

$$S = \frac{W_G}{W_W} \qquad (2-8)$$

式中：S 为滑速比。

当气体的真实速度大于液体的真实速度时，$S > 1$；反之，$S < 1$；当两者的速度相等时，$S = 1$。一般来讲，当两相流体竖直上升流动时，由于浮力的作用，使得 $v_G > v_W$，$S > 1$；下降流动时一般 $v_G < v_W$，$S < 1$。

5）漂移速度

漂移速度是指各相的真实速度和两相混合物平均速度的差值。气相漂移速度为

$$v_{mG} = v_G - v \qquad (2-9)$$

液相漂移速度为

$$v_{mW} = v_W - v \qquad (2-10)$$

2.1.2 含量类参数

两相流的含量类参数主要包括质量含气率、体积含气率和截面含气率。

1. 质量含气率

质量含气率是指定单位时间内，流过通道某一截面的两相流体总质量 M 中气相所占的比例份额，又称干度，即

$$x = \frac{M_G}{M} = \frac{M_G}{M_G + M_w} \quad (2\text{-}11)$$

式中：x 为质量含气率。

相应地，

$$1 - x = \frac{M_w}{M} = \frac{M_w}{M_G + M_w} \quad (2\text{-}12)$$

称为质量含液率。

在有热量传输的气液两相流系统中，经常用到热力学含气率。假设两相混合物处于热力学平衡状态，干度的表达式可以写成

$$x = \frac{i - i_w}{i_G - i_w} = \frac{i - i_w}{r} \quad (2\text{-}13)$$

式中：i 为两相混合物的焓；i_G 为气相在饱和水蒸气下的焓；i_w 为液相在饱和水下的焓；r 为气化潜热。

在欠热沸腾情况下，两相流体的焓 i 小于饱和水的焓 i_w，x 小于 0，表示工质处于过冷状态。对于过热蒸汽，两相流体的焓 i 大于饱和蒸汽的焓 i_G，x 大于 0，表示处于过热状态。因此，热力学含气率可以大于 0，也可以小于 0。

2. 体积含气率

体积含气率是指单位时间内，流过通道某一截面的两相流总体积中，气相所占的比例份额，即

$$\beta = \frac{Q_G}{Q} = \frac{Q_G}{Q_G + Q_w} \quad (2\text{-}14)$$

式中：β 为体积含气率。

相应地，

$$1 - \beta = \frac{Q_w}{V} \quad (2\text{-}15)$$

称为体积含液率。

3. 截面含气率

截面含气率也称空泡份额，是指两相流中某一截面上，气相所占截面与总通道截面之比，表达式为

$$\alpha = \frac{s_G}{s} = \frac{s_G}{s_G + s_W} \qquad (2\text{-}16)$$

式中：α 为截面含气率。

相应地，

$$1 - \alpha = \frac{s_W}{s} \qquad (2\text{-}17)$$

称为截面含液率。

在两相绝热的稳定流动情况下，两相质量流量是不变的，所以在相等截面通道的任意截面中，α 均相等，即 s 不变，s_G 和 s_W 也是常数。于是有式（2-18）[1]：

$$\alpha = \frac{s_G}{s} = \frac{s_G \Delta L}{s \Delta L} = \frac{\Delta V_o^G}{\Delta V_o} \qquad (2\text{-}18)$$

式中：ΔL 为通道管段微元长度，m；ΔV_o^G 为存在于 ΔL 管长中气相的体积，m³；ΔV_o 为存在于 ΔL 管长中两相流总体积，m³。

截面含气率 α 和体积含气率 β 存在很大区别，β 表示流过通道的气相体积份额，α 表示存在于通道中的气相体积份额。由于气相介质密度远小于液相介质密度，因此 α 越大则存在于通道中的两相介质密度越小，反之越大。β 不能表示出这种特性，由于气液两相介质的流速并不相同，所以流过某一截面的气相体积流量和总体积流量之比，并不等于存在于通道内的气相介质体积和通道内两相介质总体积之比。

4. 三种含气率的关系

质量含气率、体积含气率和截面含气率的关系[1]为

$$x = \frac{M_G}{M_G + M_W} = \frac{\beta \rho_G}{\beta \rho_G + (1 - \beta) \rho_W} \qquad (2\text{-}19)$$

$$\beta = \frac{\dfrac{x}{\rho_G}}{\dfrac{x}{\rho_G} + \dfrac{1 - x}{\rho_W}} \qquad (2\text{-}20)$$

$$\beta = \frac{\dfrac{M_{\mathrm{G}}}{\rho_{\mathrm{G}}}}{\dfrac{M_{\mathrm{G}}}{\rho_{\mathrm{G}}} + \dfrac{M_{\mathrm{W}}}{\rho_{\mathrm{W}}}} = \frac{1}{1 + \dfrac{(1-x)\rho_{\mathrm{G}}}{x\rho_{\mathrm{W}}}} \tag{2-21}$$

$$\alpha = \frac{s_{\mathrm{G}}}{s_{\mathrm{G}} + s_{\mathrm{W}}} = \frac{1}{1 + \dfrac{(1-x)\rho_{\mathrm{G}}v_{\mathrm{G}}}{x\rho_{\mathrm{W}}v_{\mathrm{W}}}} = \frac{1}{1 + \dfrac{(1-x)\rho_{\mathrm{G}}S}{x\rho_{\mathrm{W}}}} \tag{2-22}$$

$$\beta = \frac{1}{1 + \dfrac{1-\alpha}{\alpha}\dfrac{1}{S}} \tag{2-23}$$

在两相流动中，x 和 β 很容易根据流动参数求得，而 α 无法通过流动参数直接求出，需要采用试验结合理论分析建立计算关系式。

2.1.3　密度类参数

根据气液两相介质经过通道的流动情况和在通道中存在的情况，两相介质密度有流动密度和真实密度两种表示方法。

1. 两相介质的流动密度 ρ_{tp}

两相介质的流动密度是指单位时间内流过通道某一横截面的两相介质质量和体积之比，即

$$\rho_{\mathrm{tp}} = \frac{M}{V} = \frac{Q_{\mathrm{G}}\rho_{\mathrm{G}} + Q_{\mathrm{W}}\rho_{\mathrm{W}}}{V} = \beta\rho_{\mathrm{G}} + (1-\beta)\rho_{\mathrm{W}} \tag{2-24}$$

式中：ρ_{tp} 为两相流动密度；ρ_{G} 和 ρ_{W} 为气相和液相密度，$\mathrm{kg/m^3}$。

流动密度是以流过通道某一截面的两相介质的质量和体积之比得到的，它反映了两相介质在流动中的密度。流动密度与两相介质的流动参数直接相关，常用来计算两相介质在流动过程中的压降和其他一些问题。

2. 两相介质的真实密度 ρ_{m}

两相介质的真实密度是根据密度的定义得到的，它反映了存在于通道中的两相介质的实际密度，可以计算存在于通道中的两相介质的真实密度，常用于分相模型压降的计算。

在绝热的两相流通道中取微小长度 ΔL，则在该微小长度中通道的体积为 $s\Delta L$，在这段管长中两相介质的质量为

$$\rho_{\mathrm{G}}s_{\mathrm{G}}\Delta L + \rho_{\mathrm{W}}s_{\mathrm{W}}\Delta L = \rho_{\mathrm{G}}\alpha s\Delta L + \rho_{\mathrm{W}}(1-\alpha)s\Delta L \tag{2-25}$$

真实密度为

$$\rho_{\mathrm{m}} = \frac{\rho_{\mathrm{G}}\alpha s\Delta L + \rho_{\mathrm{w}}\left(1-\alpha\right)s\Delta L}{s\Delta L} = \alpha\rho_{\mathrm{G}} + \left(1-\alpha\right)\rho_{\mathrm{w}} \tag{2-26}$$

当两相介质的流动速度相等时，$S=1$，则 $\alpha=\beta$，由式（2-24）和式（2-26）可以看出，$\rho_{\mathrm{tp}}=\rho_{\mathrm{m}}$，即两相介质的流动密度和真实密度相等。

2.2　气液两相流基本方程

研究两相流动需要从建立流场特性方程开始，用场特性方程关联必要的参数，由此达到所需参数的求解，进而揭示其流动特性。和单相流一样，场方程即流场的质量守恒、动量守恒和能量守恒方程，以及与三者相关联的结构式-诺威尔斯托克斯方程组。与单相流相比，两相流不仅变量多，而且变量之间的关系复杂。在两相流场内，相同位置在不同的时刻存在的物质有所不同，可能是气相、液相或者交界面两相。这种特征使得空间内任一点表现出不均匀性、不连续性以及不确定性。在两相流相界面还会存在参数或特性的传递，使得两相流基本方程要比单相流数量多，且方程更加复杂。尤其对于气液两相流，界面本身是不稳定的，由此造成各种流型的变化，反过来这些变化又影响特征函数及基本方程的变化。两相流基本方程到目前仍处于研究发展阶段。但是为了适应工程问题的需要，也已形成了许多成熟的模型。这些模型可以分为两大类，一类为简化模型分析法，另一类为数学解析模型分析法。

简化模型分析法是一种工程实用的模型分析法，基于试验或经验数据，提出两相流动体系的简化假设。目前主要存在两种假设：一是把两相流简化为"均匀"介质流动，按单相流方法建立方程，称为单相模型；二是把两相流看成完全分开的流动介质，各自独立处理，称为分相模型。该方法在假设基础上建立简化的基本守恒方程和求解方程组所必需的经验公式。这种方法存在的问题是基于不同的试验数据可以建立不同的模型，采用不同模型对相同问题进行分析可以得到不同的结果。

数学解析模型分析法是基于热流体力学，由流场的基本守恒方程、流体的结构方程构成描述体系的微分数学模型。结构方程是由具体流体的特征以及与模型有关的经验式组成。两相流体流动形式的复杂性，导致无法解析求解其微分方程组，必须作出若干简化假设，并借助计算机才能求解。由于计算的复杂性并带有非理论因素，这种模型大多仅适用于分析研究系统特性。

2.2.1　单相流体一元流动的基本方程

1. 连续性方程

在通道中取一控制体，管道与水平位置夹角为 θ，假设流体和外界无质量交换，按质量守恒定律得连续性方程为

$$\frac{\partial(\rho s)}{\partial t} + \frac{\partial(\rho s v)}{\partial z} = 0 \tag{2-27}$$

式中：t 为时间，s；z 为长度，m；v 为液体速度，m/s。

因为管道截面积与时间无关，因此

$$\frac{\partial \rho}{\partial t} + v\frac{\partial \rho}{\partial z} + \rho\frac{\partial v}{\partial z} + \rho v\frac{1}{s}\frac{\mathrm{d}s}{\mathrm{d}z} = 0 \tag{2-28}$$

2. 动量方程

作用于控制体的外力应等于动量的变化率，即

$$\sum F_z = \frac{\partial(mv)}{\partial t} + \frac{\partial(\rho s v^2)}{\partial z}\mathrm{d}z \tag{2-29}$$

式中：F_z 为控制体在 z 方向上的受力，N；m 为控制体质量，kg。

作用于控制体的力包括压力、重力和管壁阻力，则动量方程可以表示成

$$s\frac{\partial \rho}{\partial z} + \tau_0 C + \rho g s\sin\theta + \frac{\partial(\rho s v)}{\partial t} + \frac{\partial(\rho s v^2)}{\partial z} = 0 \tag{2-30}$$

式中：τ_0 为剪切力，N；C 为控制体周长，m；s 为控制体截面积，m²。

3. 能量方程

按热力学第一定律

$$\mathrm{d}Q = \mathrm{d}E + \mathrm{d}L \tag{2-31}$$

式中：$\mathrm{d}Q$ 为单位时间内进入控制体的热量，J；$\mathrm{d}L$ 为单位时间内控制体对外输出的功，J；$\mathrm{d}E$ 一般由控制体进出口的能量之差和控制体中积存能量的增量两个部分组成。

因此，式（2-31）可表示成

$$\mathrm{d}Q = \frac{\partial(\rho s v e)}{\partial z}\mathrm{d}z + \frac{\partial(\rho s e)}{\partial t}\mathrm{d}z + \mathrm{d}L \tag{2-32}$$

$$e = U + \frac{v^2}{2} + gz\sin\theta + Pv \tag{2-33}$$

式中：e 为单位质量的工质能量，J；U 为内能，J；P 为流体压力，Pa；V 为流体体积，m^3；PV 为比流动功（控制体无此项），J。

若系统不对外做功，$dL=0$。把式（2-33）代入式（2-32），整理得

$$\mathrm{d}Q = \frac{\partial\left[\rho s\left(U+\frac{v^2}{2}\right)\right]}{\partial t}\mathrm{d}z + \frac{\partial\left[\rho sW\left(U+\frac{v^2}{2}\right)\right]}{\partial z}\mathrm{d}z$$
$$+ \frac{\partial\left[\rho svPV\right]}{\partial z}\mathrm{d}z + \rho svg\sin\theta\mathrm{d}z \qquad (2\text{-}34)$$

流体稳定流动且不对外做功，以上三个方程可以简化成：

连续性方程

$$m = \rho vs \qquad (2\text{-}35)$$

动量方程

$$\frac{\mathrm{d}\rho}{\mathrm{d}z} + \frac{\tau_0 C}{s} + \rho g\sin\theta + \rho W\frac{\mathrm{d}v}{\mathrm{d}z} = 0 \qquad (2\text{-}36)$$

能量方程

$$\mathrm{d}q_0 = \mathrm{d}U + \mathrm{d}\left(\frac{v^2}{2}\right) + \rho g\sin\theta\mathrm{d}z + \mathrm{d}(PV) \qquad (2\text{-}37)$$

式中：$\mathrm{d}q_0$ 为单位质量工质从外部的吸热量，J。

由热力学可知，内能增量 $\mathrm{d}U = \mathrm{d}q - P\mathrm{d}V$，其中 $\mathrm{d}q$ 由加入的热量 $\mathrm{d}q_0$ 和从摩擦阻力转化成的内能增量 $\mathrm{d}F$ 组成，故式（2-37）可写为

$$\frac{\mathrm{d}P}{\mathrm{d}z} + \rho g\sin\theta + \rho v\frac{\mathrm{d}v}{\mathrm{d}z} + \rho\frac{\mathrm{d}F}{\mathrm{d}z} = 0 \qquad (2\text{-}38)$$

对比式（2-36）和式（2-38）可以得出

$$\rho\frac{\mathrm{d}F}{\mathrm{d}z} = \frac{\tau_0 C}{s} \qquad (2\text{-}39)$$

因此，在单相流体的流动中，在确定各部分压降时动量方程和能量方程是一样的。

2.2.2 两相流分相模型一元流动的基本方程

分相流假设两相流是完全分开独立的流动，把两相分别按单相处理并考虑相间作用，然后将各相的方程加以合并。分相模型比较适用于层状流、波状流和环状流等。

1. 连续性方程

根据图 2-2，对气相和液相列出连续性方程，即
气相

$$\frac{\partial(\rho_G \alpha s)}{\partial t} + \frac{\partial(\rho_G v_G \alpha s)}{\partial z} = \delta m \qquad (2\text{-}40)$$

液相

$$\frac{\partial(\rho_w(1-\alpha)s)}{\partial t} + \frac{\partial(\rho_w v_w(1-\alpha)s)}{\partial z} = -\delta m \qquad (2\text{-}41)$$

将式（2-40）和式（2-41）同单相流的连续方程（2-27）对比后可以看出，两相流中各相的连续方程中多了一项 δm。δm 表示在控制体内单位长度的相间质量交换率。若两相流中无相变，则 $\delta m=0$。

将式（2-40）和式（2-41）相加，即得两相混合物的连续性方程为

$$\frac{\partial(\rho_m s)}{\partial t} + \frac{\partial(Gs)}{\partial z} = 0 \qquad (2\text{-}42)$$

式中：$G = \dfrac{M}{s}$。

2. 动量方程

液相动量方程为

$$s(1-\alpha)\frac{\partial P}{\partial z} + \tau_0^w C_w - \tau_i C_i + \rho_w g(1-\alpha)s\sin\theta$$

$$+ \frac{\partial}{\partial t}\left[\rho_w s(1-\alpha)v_w\right] + \frac{\partial}{\partial z}\left[\rho_w s(1-\alpha)v_w^2\right] + \delta m v_i = 0 \qquad (2\text{-}43)$$

式中：$\tau_i C_i$ 为气液相间剪切力，N；τ_0^w 为液相剪切力，N；C_w 为液相周长，m；v_w 为液相速度，m/s；$\delta m v_i$ 为两相间动量交换率；v_i 为气液相界面上的流速，m/s。

用管道横截面积 s 除式（2-43），得

$$(1-\alpha)\frac{\partial P}{\partial z} + \frac{\tau_0^w C_w}{s} - \frac{\tau_i C_i}{s} + \rho_L g(1-\alpha)\sin\theta$$

$$+ \frac{\partial}{\partial t}\left[\rho_w(1-\alpha)v_w\right] + \frac{1}{s}\frac{\partial}{\partial z}\left[\rho_w(1-\alpha)v_w^2\right] + \frac{\delta m v_i}{s} = 0 \qquad (2\text{-}44)$$

同理可得气相的动量方程

$$\alpha\frac{\partial P}{\partial z} + \frac{\tau_0^G C_G}{s} + \frac{\tau_i C_i}{s} + \rho_G g\alpha\sin\theta$$

$$+ \frac{\partial}{\partial t}\left[\rho_G \alpha v_G\right] + \frac{1}{s}\frac{\partial}{\partial z}\left[\rho_G \alpha v_G^2\right] - \frac{\delta m v_i}{s} = 0 \qquad (2\text{-}45)$$

管壁对气液两相的阻力可定义为

$$\tau_0 C = \tau_0^{\mathrm{W}} C_{\mathrm{W}} + \tau_0^{\mathrm{G}} C_{\mathrm{G}} \tag{2-46}$$

合并式（2-44）和式（2-45）可得两相混合物的动量方程

$$\frac{\partial P}{\partial z} + \frac{\tau_0 C}{s} + \rho_{\mathrm{m}} g \sin\theta + \frac{\partial}{\partial t}\left[\rho_{\mathrm{W}}\left(1-\alpha\right)v_{\mathrm{W}} + \rho_{\mathrm{G}}\alpha v_{\mathrm{G}}\right]$$

$$+\frac{1}{s}\frac{\partial}{\partial z}\left[\rho_{\mathrm{W}}\left(1-\alpha\right)v_{\mathrm{W}}^2 + \rho_{\mathrm{G}}\alpha v_{\mathrm{G}}^2\right] = 0 \tag{2-47}$$

因为

$$\rho_{\mathrm{W}}\left(1-\alpha\right)v_{\mathrm{W}} = \frac{M_{\mathrm{W}}}{s} = \frac{\left(1-x\right)M}{s} = \left(1-x\right)G \tag{2-48}$$

$$\rho_{\mathrm{G}}\alpha v_{\mathrm{G}} = \frac{M_{\mathrm{G}}}{s} = \frac{xM}{s} = xG \tag{2-49}$$

把式（2-51）和式（2-52）代入式（2-50），可得到分相流模型的两相混合物动量方程的另一种表达式：

$$-\frac{\partial P}{\partial z} = \frac{\tau_0 C}{s} + \rho_{\mathrm{m}} g \sin\theta + \frac{\partial G}{\partial t} + \frac{1}{s}\frac{\partial}{\partial z}\left\{ sG^2\left[\frac{\left(1-x\right)^2}{\rho_{\mathrm{W}}\left(1-\alpha\right)} + \frac{x^2}{\rho_{\mathrm{G}}\alpha}\right]\right\} \tag{2-50}$$

如果管道直径不变，则式（2-50）可简化为

$$-\frac{\partial P}{\partial z} = \frac{\tau_0 C}{s} + \rho_{\mathrm{m}} g \sin\theta + G^2\frac{\mathrm{d}}{\mathrm{d}z}\left[\frac{\left(1-x\right)^2}{\rho_{\mathrm{W}}\left(1-\alpha\right)} + \frac{x^2}{\rho_{\mathrm{G}}\alpha}\right] \tag{2-51}$$

从式（2-51）中可以看出，两相流压降梯度依然由摩擦阻力、重位压降和加速压降梯度三个部分组成。

3. 能量方程

依照单相流的能量方程，考虑两相的作用，当控制体不对外做功时，两相流中的液相能量方程为

$$\mathrm{d}Q_{\mathrm{L}} = \frac{\partial}{\partial t}\left[\rho_{\mathrm{W}} s\left(1-\alpha\right)\left(U_{\mathrm{W}} + \frac{v_{\mathrm{W}}^2}{2}\right)\right]\mathrm{d}z + \frac{\partial}{\partial z}\left[\rho_{\mathrm{W}} s\left(1-\alpha\right)v_{\mathrm{W}}\left(U_{\mathrm{W}} + \frac{v_{\mathrm{W}}^2}{2}\right)\right]\mathrm{d}z$$

$$+\frac{\partial}{\partial z}\left[Ps\left(1-\alpha\right)v_{\mathrm{W}}\right]\mathrm{d}z + \rho_{\mathrm{W}} s\left(1-\alpha\right)v_{\mathrm{W}} g \sin\theta \mathrm{d}z - \tau_{\mathrm{i}} C_{\mathrm{i}} v_{\mathrm{i}}\mathrm{d}z + \frac{v_{\mathrm{W}}^2}{2}\delta m\mathrm{d}z - q_{\mathrm{i}} C_{\mathrm{i}}\mathrm{d}z \tag{2-52}$$

式中：U_{W} 为液相内能，J；$q_{\mathrm{i}} C_{\mathrm{i}}$ 为单位长度上气液相界面传热量，J。

对比式（2-52）和单相流能量方程（2-37），发现式（2-52）多了三项，等式

右边第五项表示两相间摩擦阻力所消耗的功，第六项表示由相变引起的能量传递，最后一项为通过两相界面的热量。

同理，气相的能量方程为

$$dQ_G = \frac{\partial}{\partial t}\left[\rho_G s\alpha\left(U_G + \frac{v_G^2}{2}\right)\right]dz + \frac{\partial}{\partial z}\left[\rho_G s\alpha v_G\left(U_G + \frac{v_G^2}{2}\right)\right]dz + \frac{\partial}{\partial z}\left(Ps\alpha v_G\right)dz$$

$$+ \rho_G s\alpha v_G g\sin\theta dz + \tau_i C_i v_i dz - \frac{v_G^2}{2}\delta m dz + q_i C_i dz \tag{2-53}$$

式（2-52）和式（2-53）相加即得两相混合物的能量方程

$$dQ = \frac{\partial}{\partial t}\left[\rho_w s(1-\alpha)\left(U_w + \frac{v_w^2}{2}\right) + \rho_G s\alpha\left(U_G + \frac{v_G^2}{2}\right)\right]dz$$

$$+ \frac{\partial}{\partial z}\left[\rho_w s(1-\alpha)v_w\left(U_w + \frac{v_w^2}{2}\right) + \rho_G s\alpha v_G\left(U_G + \frac{v_G^2}{2}\right)\right]dz$$

$$+ \frac{\partial}{\partial z}\left[Ps(1-\alpha)v_w + Ps\alpha v_G\right]dz + \left[\rho_w s(1-\alpha)v_w + \rho_G s\alpha v_G\right]g\sin\theta dz$$

$$\tag{2-54}$$

对于两相体积有

$$V_m = V_w(1-\alpha) + V_G\alpha \tag{2-55}$$

考虑式（2-48）、式（2-49）和式（2-55），可将式（2-54）改为

$$dQ = \frac{\partial}{\partial t}\left[\rho_w s(1-\alpha)\left(U_w + \frac{v_w^2}{2}\right) + \rho_G s\alpha\left(U_G + \frac{v_G^2}{2}\right)\right]dz$$

$$+ \frac{\partial}{\partial z}\left\{Gs(1-x)\left(U_w + \frac{v_w^2}{2}\right) + x\left(U_G + \frac{v_G^2}{2}\right)\right\}dz$$

$$+ Gs\frac{\partial(PV_m)}{\partial z}dz + Gsg\sin\theta dz \tag{2-56}$$

稳定流动时，能量方程为

$$dq_0 = d\left[(1-x)\left(U_w + \frac{v_w^2}{2}\right) + x\left(U_G + \frac{v_G^2}{2}\right)\right] + d(PV_m) + g\sin\theta dz \tag{2-57}$$

或者

$$dq_0 = d\left[(1-x)U_w + xU_G\right] + d\left[(1-x)\frac{v_w^2}{2} + x\frac{v_G^2}{2}\right] + d(PV_m) + g\sin\theta dz \tag{2-58}$$

已知内能增量可表示为

$$dU = dq - PdV_m = dq_0 + dF - PdV_m \qquad (2\text{-}59)$$

式（2-58）右边第一项可以表示成 dU，则

$$dq_0 = dq_0 + dF - PdV_m + d\left[(1-x)\frac{v_W^2}{2} + x\frac{v_G^2}{2}\right] + d(PV_m) + g\sin\theta dz \qquad (2\text{-}60)$$

即

$$-\frac{dP}{dz} = \rho_m \frac{dF}{dz} + \rho_m \frac{d}{dz}\left[(1-x)\frac{v_W^2}{2} + x\frac{v_G^2}{2}\right] + \rho_m g\sin\theta \qquad (2\text{-}61)$$

为了方便应用，将式（2-61）变为

$$-\frac{dP}{dz} = \rho_m \frac{dF}{dz} + \frac{G^2 \rho_m}{2} \frac{d}{dz}\left[\frac{(1-x)^3}{\rho_W(1-\alpha)^2} + \frac{x^3}{\rho_G^2 \alpha^2}\right] + \rho_m g\sin\theta \qquad (2\text{-}62)$$

从式（2-62）可以看出两相流能量方程中，静压降梯度也由摩擦阻力、重位和加速压降梯度三部分组成，但在动量方程和能量方程中各部分的对应项是不同的。

2.2.3 均相模型的基本方程

1. 均相流模型基本假设

均相流模型假设气液两相完全均匀混合，各个位置气相和液相参数一致，忽略气液相间滑移。通过合理定义两相混合物的平均值，把两相流当作具有平均特性，遵守单相流基本方程的均匀介质。这样，一旦确定了两相混合物的平均特性，就能应用所有的经典流体力学方法进行研究。这种模型基于以下几点假设：

（1）两相之间具有相等的速度，即 $v_G = v_W = J$，$\alpha = \beta$。

（2）两相之间处于热力平衡状态。

（3）可使用合理确定的单项摩擦阻力系数描述两相流动。

2. 连续性方程

由质量守恒方程［式（2-45）］得

$$\rho_G v_G \alpha + \rho_W v_W(1-\alpha) = \frac{M}{s} = G \qquad (2\text{-}63)$$

已知

$$\rho_m = \alpha\rho_G + (1-\alpha)\rho_W \qquad (2\text{-}64)$$

在均相流模型中，滑速比 $S=1$，$\alpha = \beta$，因此

$$\rho_{tp} = \beta\rho_G + (1-\beta)\rho_W = \rho_m \qquad (2\text{-}65)$$

结合式（2-19）得

$$x\rho_m = \beta\rho_G \tag{2-66}$$

同理

$$(1-x)\rho_m = (1-\beta)\rho_W \tag{2-67}$$

将式（2-66）和式（2-67）整理得

$$\frac{x}{\rho_W} + \frac{1-x}{\rho_G} = \frac{1}{\rho_m} \tag{2-68}$$

用每一项的质量份额作为权重函数去计算混合物的物性，从而获得计算均匀混合物物性的公式。

3. 动量方程

均相流的动量方程可写成三个压降梯度的形式，即

$$-\frac{dP}{dz} = \frac{dP_f}{dz} + \frac{dP_g}{dz} + \frac{dP_a}{dz} \tag{2-69}$$

其中，加速压降梯度为

$$\frac{dP_a}{dz} = G^2 \frac{d}{dz}\left[\frac{(1-x)^2}{\rho_W(1-\beta)} + \frac{x^2}{\rho_G\beta}\right] \tag{2-70}$$

或者

$$\frac{dP_a}{dz} = G^2 \frac{dV_m}{dz} \tag{2-71}$$

均相流的重位压降梯度为

$$\frac{dP_g}{dz} = \rho_m g \sin\theta \tag{2-72}$$

整理后动量方程为

$$-\frac{dP}{dz} = \frac{P_h \tau_0}{s} + \rho_m g \sin\theta + G^2 \frac{dV_m}{dz} \tag{2-73}$$

4. 能量方程

在均相流模型中，式（2-62）可写成

$$-\frac{dP}{dz} = \rho_m \frac{dF}{dz} + \frac{G^2 \rho_m}{2}\frac{d}{dz}\left[\frac{(1-x)^3}{\rho_W(1-\beta)^2} + \frac{x^3}{\rho_G^2\beta^2}\right] + \rho_m g \sin\theta \tag{2-74}$$

其中，加速压降梯度为

$$\frac{\mathrm{d}P_\mathrm{a}}{\mathrm{d}z}=\frac{G^2\rho_\mathrm{m}}{2}\frac{\mathrm{d}}{\mathrm{d}z}\left[\frac{(1-x)^3}{\rho_\mathrm{w}(1-\beta)^2}+\frac{x^3}{\rho_\mathrm{G}^{\ 2}\beta^2}\right] \tag{2-75}$$

将式（2-19）代入式（2-75），得

$$\frac{\mathrm{d}P_\mathrm{a}}{\mathrm{d}z}=\frac{G^2\rho_\mathrm{m}}{2}\frac{\mathrm{d}}{\mathrm{d}z}\left[\frac{\rho_\mathrm{w}(1-\beta)}{\rho_\mathrm{m}^{\ 3}}+\frac{\rho_\mathrm{G}\beta}{\rho_\mathrm{m}^{\ 3}}\right] \tag{2-76}$$

整理得

$$\frac{\mathrm{d}P_\mathrm{a}}{\mathrm{d}z}=G^2\frac{\mathrm{d}V_\mathrm{m}}{\mathrm{d}z} \tag{2-77}$$

最后可得均相流能量方程

$$-\frac{\mathrm{d}P}{\mathrm{d}z}=\rho_\mathrm{m}\frac{\mathrm{d}F}{\mathrm{d}z}+G^2\frac{\mathrm{d}V_\mathrm{m}}{\mathrm{d}z}+\rho_\mathrm{m}g\sin\theta \tag{2-78}$$

通过对比式（2-73）和式（2-78）发现与单相流一样，在均相模型中动量方程和能量方程中各对应项是相同的。

2.3　小　　结

本章给出了气液两相流动参数（如体积流量、折算速度、含气率等）的计算方法，并从均相模型和分相模型角度给出了连续性方程、动量方程以及能量方程，是气液两相流相关研究需要具备的理论知识，为后续试验数据的处理和分析奠定理论基础。

参 考 文 献

[1] 阎昌琪. 气液两相流[M]. 哈尔滨: 哈尔滨工程大学出版社, 2017.

第3章 试 验 系 统

本书对常温常压起伏振动水平、垂直和倾斜上升圆管内单相流摩擦压降和气液两相流型、摩擦压降和含气率特性进行研究。由有机玻璃制作的试验段固定在起伏振动试验台上和气液两相流试验系统连接。气液两相流型通过高速摄影仪拍摄的图片进行确定,高速摄影仪可以控制拍摄的频率。由于需要关注瞬变的摩擦压降,因此采用精度高,响应时间短的高精度动态差压传感器测量和计算。气液两相流含气率采用快关阀进行测量得到。本章对试验中涉及的试验装置、试验步骤以及数据处理方法进行详细论述。

3.1 起伏振动试验平台

本书主要针对地震和海洋条件两种起伏振动背景下气液两相流动特性进行研究。相关研究表明,地震引发的纵波振动频率一般在几赫兹到十几赫兹之间,多数情况下小于 20Hz,且地震等级越高,振动频率越小[1]。目前振动台类型主要包括电磁式和液压式,其中电磁式振动台操作简单,且能够实现频率几千赫兹、振幅几十毫米以内的指定类型起伏振动。液压式振动台的振动频率相对较小且系统比较复杂,容易出现漏油现象。因此,选择采用电磁式振动台进行高频低幅起伏振动试验研究。

海洋条件引起的振动频率相对较低而振幅较高。Stanislaw[2]指出海浪的周期范围在 1～25s,《中国大百科全书:大气科学、海洋科学、水文科学》在对于海浪的描述中指出海浪的周期范围通常在 0.5～25s[3]。考虑到电磁振动台不能实现大位移振动,液压式振动台系统复杂且价格昂贵,本书基于曲柄连杆原理设计了机械式振动试验台,能够实现振幅 0～200mm,振动频率 0～1Hz 的标准正弦振动。

3.1.1 电磁式起伏振动台

电磁式起伏振动平台是基于电磁式振动原理的,主要由工控机、信号调节器、振动控制仪、功率放大器和电磁振动装置组成,如图 3-1 所示。控制振动仪采用美国 Vicon 科技公司产品,具有全系列的振动试验功能,可以在电动振动台上实现随机、正弦扫频、谐振搜索和驻留、典型冲击、正弦加随机、随机加随机、在宽带随机下实现窄带随机加正弦、冲击响应谱控制、瞬态仿真、道路谱模拟等振动试验，能够满足本研究的正弦振动试验。功率放大器将控制仪输入的低电压信号通过数字电路进行放大并还原，然后将其输出至电磁振动台的动圈线路，推动电磁振动台面运动。试验台可以实现振动频率0～4000Hz，振幅0～12.5mm的正弦振动。

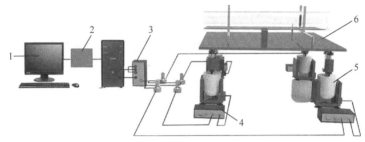

1——工控计算机；2——振动控制仪；3——信号调节器；
4——功率放大器；5——电磁振动装置；6——试验段。

图3-1　电磁式振动台示意图

振动台的位移满足正弦三角函数，如式（3-1）所示。

$$Z = A\sin(2\pi ft + \theta) \tag{3-1}$$

式中：Z为振动台位移，m；A为振幅，m；f为振动频率，Hz；θ为相位，rad。

振动速度和振动加速度可以通过对式（3-1）求一阶和二阶导数得出，如式（3-2）和式（3-3）所示。

$$u = \frac{\mathrm{d}Z}{\mathrm{d}t} = 2A\pi f\cos(2\pi ft + \theta) \tag{3-2}$$

式中：u为振动速度，m/s。

$$a = \frac{\mathrm{d}u}{\mathrm{d}t} = -4A(\pi f)^2\sin(2\pi ft + \theta) \tag{3-3}$$

式中：a为振动加速度，m/s^2。

考虑到地震纵波的振动参数范围，加上振动台自身参数限制，最终确定高频低幅振动工况范围为振动频率2～10Hz、振幅2～10mm。

3.1.2　机械式起伏振动试验台

为了实现大振幅起伏振动，基于曲柄连杆机构，设计了机械式起伏振动试验台，主要包括变频器、电动机、减速器、曲柄连杆机构和试验段，如图3-2所示。振动台通过减速电机的旋转驱动往复机构在竖直布置的滑道上做直线往复运动，运动的频率可以通过变频器改变减速电机的转速进行调节，振幅可以通过调整往复机构中滑块的位置进行调节。试验台可以实现振幅0～200mm、振动频率0～1Hz的正弦振动，其振动位移、速度和加速度仍按照式（3-1）～式（3-3）计算。

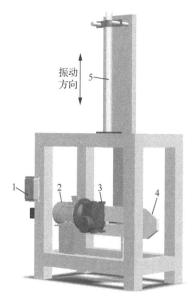

1——变频器；2——电机；3——减速器；4——曲柄连杆机构；5——试验段。

图 3-2　机械式起伏振动试验台示意图

3.1.3　气液两相流试验系统

本节主要进行了水平管、小角度倾斜上升管（$\theta \leqslant 45°$）、垂直及大角度倾斜上升管（$\theta \geqslant 60°$）内气液两相流动特性的相关研究。两者的试验系统如图 3-3 所示，主要由气液两相流试验平台、试验段、测量设备和数据采集系统组成。试验在常温常压下进行，气相为压缩空气，液相为水。

水箱中的水由离心泵抽出，经过截止阀、电磁流量计和针阀后进入气水混合器中。离心泵后设有返回水箱的旁路，可以通过控制旁路阀门的开度调节水回路的压力，水回路压力可以通过安装在主管道上的压力表显示。水的流量采用电磁流量计测量，由于电磁流量计的最低测量值和管径有关，管径越大，最低测量值也越大。为了大范围调节水的流量并保证一定的测量精度，在水回路上并联安装两个不同内径的电磁流量计，一个内径为 15mm，另一个内径为 50mm。在电磁流量计后安装有球阀和针阀，球阀用于控制水回路的开关，针阀用于调节水的流量。

空气由空压机压缩后经过储气罐进入气回路，压力由位于主管道上的压力表测量，在压力表前安装有减压阀，可以通过调节减压阀的开度控制气回路的压力。气相流量采用气体质量流量计测量，质量流量计后安装有球阀和针阀，作用与水回路的相同。在空气回路上同样采用两种内径的质量流量计，内径分别为 15mm 和 25mm。空气和水在气液混合器中充分混合，以两相流的形式流过试验段，然后进入旋风分离器，经分离后的空气直接排入大气，水进入水箱进行循环利用。

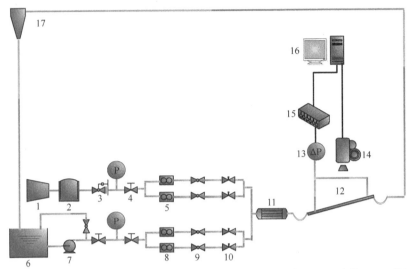

1——空压机；2——储气罐；3——减压阀；4——截止阀；5——质量流量计；6——水箱；7——离心泵；
8——电磁流量计；9——球阀；10——针阀；11——相混合器；12——试验段；13——差压传感器；
14——高速摄影仪；15——数据采集器；16——计算机；17——旋风分离器。

（a）小角度倾斜上升管试验系统

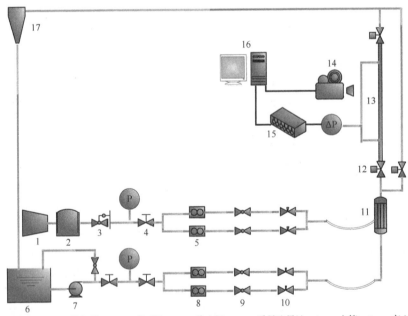

1——空压机；2——储气罐；3——减压阀；4——截止阀；5——质量流量计；6——水箱；7——离心泵；
8——电磁流量计；9——球阀；10——针阀；11——相混合器；12——电磁阀；13——试验段；
14——高速摄影仪；15——数据采集器；16——计算机；17——旋风分离器。

（b）垂直和大角度倾斜上升管试验系统

图 3-3　试验系统示意图

试验段均为透明的有机玻璃管，管径分别为 15mm、20mm 和 25mm，长度为 1.8m。根据文献[4]的研究结果，当距离入口大于 10 倍管径时，流动可以充分发展。为了保证流动稳定，在距试验段中心两侧各 400mm 处开两个带有螺纹的测压孔，通过引压管和压差传感器连接。文献[5]研究表明，高频低幅起伏振动下气液两相流含气率变化较小，因此在高频低幅起伏振动下的研究没有测量含气率，而是采用现有模型计算得出。低频高幅起伏振动相关研究几乎处于空白状态，为了避免因含气率不准确导致试验出现较大误差，低频高幅起伏振动研究中采用快关阀方法测量截面含气率。在试验段进口和出口安装两个电磁阀，采用一个开关控制两个电磁阀同时开或者关，以保证两个阀门的同步性。同时配备试验段旁路通道，当关闭试验段进出口电磁阀时同步打开旁路电磁阀，气液两相流经旁路返回至水箱。试验段的流型采用高速摄影仪进行记录。

3.1.4 检测装置

在试验过程中需要测量气相和液相的流量、试验段压差、振动加速度和含气率，同时拍摄试验段流动图像。由于水箱容积和试验段内流过的水的体积相比足够大，因此水温可以认为是室温，不需要另外测量流体的温度。以下对试验中用到的检测装置做详细论述。

1. 流量测量装置

水流量的测量采用电磁流量计，其原理是基于法拉第电磁定律，流量是通过测量流速间接得到的。由于过低的流速产生的感应电动势太小，不容易被测量到，因此电磁流量计都有最小测量值。诸多文献采用称重法测量小流量。但是试验表明，当气相流量不同时，同样的阀门开度下液相流量是变化的，气相流量越大，液相流量越小。为了减小小流量下的流量测量误差，同时尽可能扩大水流量的测量范围，试验中在水回路采用两个电磁流量计。DN15 的电磁流量计，量程为 0～4m^3/h，DN50 的电磁流量计，量程为 0～10m^3/h，精度均为 0.5 级。两个电磁流量计采用 220V 交流供电，能够输出 4～20mA 标准电流信号。

由于空气的压力和温度都处于变化状态，因此对空气流量的测量采用防爆式气体质量流量计，内径分别为 15mm 和 25mm。DN15 的质量流量计量程为 0～10Nm^3/h，DN25 的质量流量计量程为 0～30Nm^3/h，精度均为 0.5 级。质量流量计能够通过测量流过气体的质量以及温度和压力，最终显示流过气体的标准体积流量，采用 24V 直流供电，能够输出 4～20mA 标准电流信号。

2. 压差测量装置

气液两相流的压差本身具有强烈的波动性，在起伏振动的影响下，压差的波动更加剧烈。为了能够准确测量压差的瞬时值，要求压差传感器的响应时间非常短。试验采用德国汉姆公司的 HM90 系列高频动态差压变送器，带宽为 10kHz，量程为±10kPa 和±50kPa，精度为 0.1%，输出 1～5V 标准电压信号。对于水平和小角度倾斜上升管，重位压降较小，两测压点间的压差较小，为了提高准确度，采用±10kPa 量程测量。对于垂直和大角度倾斜上升管，重位压降较大，采用±50kPa 量程测量。

3. 振动加速度测量装置

起伏振动台每次启动的位置是不确定的，虽然振动的振幅和频率已知，但是缺少振动台的位置，加速度依然不能计算。文献[6]中在计算振动附加压降时必须用到振动加速度，试验采用北戴河金鑫电子研究所研制的 YD-81D 加速度传感器进行测量，其频率范围 0.1～500Hz，量程±1g，精度为 0.5%，输出 0～5V 电压信号。试验中高频低幅振动加速度最大为 2.52m/s²，低频高幅振动加速度最大为 6.82m/s²，都在该加速度传感器的量程范围内。

4. 截面含气率测量装置

常见的截面含气率测量方法有图像法、电容层析成像（electrial capacitance tomography，ECT）法、电导探针法和快关阀法等多种测量方法，本研究采用操作简单、精确度相对较高的快关阀法进行含气率的测量。如图 3-3（b）所示，在试验段进口和出口安装两个常开式电磁阀，用一个开关控制。当试验段内流型稳定后，打开开关，电磁阀通电关闭，然后测量试验段内液面高度即可计算截面含气率。由于气液两相流的流动不稳定，每次含气率的测量结果不尽相同，需要多次测量取平均值。文献[7]和[8]都选择测量 5 次取平均值作为含气率测量值。本研究中将测量次数从 5 次增加到 10 次，发现测量结果变化很小。因此，为了保证测量精确度，试验也测量 5 次取平均值计算截面含气率，计算方法为

$$\alpha = \frac{1}{5} \sum_{i=1}^{5} \left(1 - \frac{V_i}{V} \right) \tag{3-4}$$

式中：V_i 为第 i 次测量液体的体积，m³；V 为试验段体积，m³。

5. 高速摄影仪

试验中采用的高速摄影仪由 LaVision 公司生产，型号为 SA3 Type 60-K-M2 LCA。摄影仪配套有 LaVision 编写的摄影仪控制软件，能够控制摄影仪的各种参数。控制软件通过配套的控制器控制摄影仪的拍摄，拍摄频率能够在 50～1000Hz 范围内变化，能够满足对流型动态拍摄的需求。试验中根据振动频率的不同，拍摄频率分别设置为 50Hz 和 100Hz。和高速摄影仪配套的光源采用碘钨灯制作，碘钨灯通过双层硫酸纸变为平面光源。

6. 数据采集系统

试验中动态压差传感器和加速度传感器输出的电压信号采用 NI 公司生产的数据采集卡 USB6363 及配套的 NI-DAQ 软件进行数据采集并传输至计算机保存。采样频率为 1000Hz，采样时间为 20s，采集卡的误差为 0.017%。

3.2 试验不确定度分析

在试验中由于仪表测量精度、系统原因及试验条件的影响，会不可避免地引入试验误差。在人为去除疏忽误差后还存在系统误差和随机误差，导致测量结果一定程度上偏离真实值。因此，对试验数据进行误差分析必不可少。在误差分析中经常采用不确定度作为分析指标，将测量数据的真实值记作测量值和不确定度的和，即

$$y_i = y_{i,\text{mea}} \pm \text{UN} \tag{3-5}$$

式中：y_i 为第 i 次测量结果的真实值；$y_{i,\text{mea}}$ 为第 i 次测量结果；UN 为不确定度。

根据文献[9]，试验中的不确定度包含 A 类不确定度和 B 类不确定度，其中 A 类不确定度是由多次测量引起的不确定度，B 类不确定度是由测量仪器本身和数据采集器的误差引起的测量的不确定度，分别为

$$\text{UN}_\text{A} = \sqrt{\frac{\sum\left(y_{i,\text{mea}} - \bar{y}\right)^2}{n-1}} \tag{3-6}$$

$$\text{UN}_\text{B} = \sqrt{\left(\text{UN}_\text{Y}^2 + \text{UN}_\text{C}^2\right)} \tag{3-7}$$

式中：UN_Y 为仪表本身的不确定度，UN_C 为数据采集器的不确定度；$\bar{y}$ 为测量结果的平均值。

总的不确定度用式（3-8）计算。

$$\text{UN} = \sqrt{\left(\text{UN}_\text{A}^2 + \text{UN}_\text{B}^2\right)} \tag{3-8}$$

试验中使用的测量仪器和数据采集的量程和精度见表 3-1。

表 3-1 测量仪器的量程和精度

测量仪器	量程	精度
电磁流量计（DN15）	$0\sim4\text{m}^3/\text{h}$	0.5%
电磁流量计（DN50）	$0\sim10\text{m}^3/\text{h}$	0.5%
质量流量计（DN15）	$0\sim10\text{Nm}^3/\text{h}$	0.5%
质量流量计（DN25）	$0\sim30\text{Nm}^3/\text{h}$	0.5%

续表

测量仪器	量程	精度
差压传感器	±50kPa	0.1%
差压传感器	±10kPa	0.1%
加速度传感器	±1g	0.5%
直尺	3m	1mm
数据采集器		0.017%

试验中只有计算含气率时测量水的体积采用测量 5 次取平均值的方法，其他的参数均为单次测量，因此除了含水量的测量度考虑 A 类和 B 类不确定度外，其他参数的测量只考虑 B 类不确定度。由于仪器的量程是变化的，用绝对不确定度衡量结果的准确性比较片面，一般采用相对不确定度进行评价，测量参数的相对不确定度见表 3-2。由不确定度计算结果可以看出试验参数测量的相对不确定度较低，说明选择试验仪器比较合理，试验结果比较可靠。

表 3-2　试验测量参数的相对不确定度

测量参数	相对不确定度/%
水流量	1.17～10.52
空气流量	0.57～15.71
压差	0.06～15.13
加速度	0.07～16.02
含液量	0.06～3.2

3.3　试验内容及步骤

本书主要进行如下试验：①高频低幅起伏振动和静止状态下小角度倾斜上升管内单相水摩擦压降特性试验；②高频低幅起伏振动下水平和小角度倾斜上升管内气液两相流型及摩擦压降特性试验；③低频高幅起伏振动下垂直和大角度倾斜上升管内气液两相流型、摩擦压降及含气率特性试验。以下分别对三个试验的具体试验步骤进行论述。

3.3.1　高频低幅振动单相水摩擦压降特性试验

为了初步探究起伏振动对管内流动摩擦压降的影响，本节首先进行了静止和起伏振动下单相水摩擦压降特性的研究，对比不同状态下摩擦压降的变化规律，分析振动参数对摩擦压降的影响机理，为更复杂的两相流摩擦压降研究提供一定的理论参考。

单相水的试验仍然采用气液两相流试验回路，只需将气回路中所有阀门关闭即可。试验步骤如下。

（1）检查试验回路中的阀门是否全部关闭，打开水泵和管路阀门，检查是否漏水。

（2）打开引压管阀门将引压管中的空气排净，然后关闭引压管阀门。

（3）打开计算机和数据采集器，打开振动控制软件和数据采集软件，设置软件参数。触发振动控制软件，开始试验。

（4）根据工况表调节针阀开度，观察电磁流量计的示数，将流量调至目标流量。

（5）待流动稳定后启动数据采集设备，采样频率 1000Hz，时间 20s。

（6）采样结束后进行下一组试验，重复步骤（4）和步骤（5）。

（7）所有设计工况完成后改变振动参数、管道倾角和管径，重复步骤（3）～步骤（6），完成起伏振动下单相水的摩擦压降试验。

（8）关闭水泵、阀门和振动台，打开引压管旁路阀门放水，保存数据并关闭计算机。

静止状态下单相水的摩擦压降试验是为了验证试验系统的合理性以及将静止和起伏振动的摩擦压降进行对比，因此，只对 25mm 管径的试验段进行试验，关闭振动台重复步骤（4）～步骤（6）即可。

3.3.2　高频低幅振动气液两相流特性试验

高频低幅振动气液两相流试验主要对流型和摩擦压降进行研究，需要用高速摄影仪拍摄流动图片，使用压差变送器测量试验段压差，使用加速度传感器测量振动台加速度，具体试验步骤如下。

（1）检查试验回路中的阀门是否全部关闭。打开水泵和管道阀门，检查是否漏水。

（2）打开引压管阀门将引压管中的空气排净，然后关闭引压管阀门。

（3）打开空压机，待储气罐中的压力基本保持不变后打开气回路阀门，调节减压阀至设计压力。

（4）打开计算机、高速摄影仪和数据采集器，设置软件参数，触发振动控制软件，开始试验。

（5）调节水和气回路针阀开度，将流量调至目标流量。

（6）待流量稳定后通过数据采集软件采集试验数据，同时控制高速摄影仪拍照。

（7）数据采集和高速摄影仪拍照结束后保存数据，固定水流量调节空气流量至下一工况，重复步骤（5）、（6）完成一个振动工况的试验。

（8）所有设计工况完成后改变振动参数、管道倾角和使用不同管径的试验段，重复步骤（4）～步骤（7），完成高频低幅振动气液两相流试验。

（9）关闭振动台、水泵和空压机，待储气罐中的空气排出后关闭阀门，保存数据并关闭计算机。

3.3.3 低频高幅振动气液两相流特性试验

低频高幅振动气液两相流试验主要对流型、摩擦压降和含气率进行研究，在高频低幅振动气液两相流试验的基础上需要增加含气率的测量，具体试验步骤如下。

（1）～（3）和3.3.2节高频低幅振动气液两相流试验相同。

（4）打开计算机、高速摄影仪和数据采集器，调整好变频器参数和低频高幅振动台滑块位置，将软件的参数设置正确。通过变频器控制振动台开始按照设定参数振动。

（5）和（6）和高频低幅振动气液两相流使用步骤（5）、步骤（6）相同。

（7）数据采集器和高速摄影仪记录完毕后，关闭试验段两端的电磁阀，然后关闭水回路和气回路的阀门，关闭振动台，待试验段内液面高度不变后测量液面高度并记录。

（8）打开振动台，打开试验段两端的电磁阀，打开水回路和气回路的阀门，待流动稳定后重复步骤（7）。步骤（7）和步骤（8）重复5次，记录5次液面高度进行含气率计算。

（9）固定水流量调节空气流量至下一工况，重复步骤（5）～步骤（8）完成一个振动工况的试验。

（10）所有设计工况完成后改变振动参数、管道倾角和使用不同管径的试验段，重复步骤（5）～步骤（9），完成高频低幅振动气液两相流试验。

（11）关闭振动台、水泵、空压机、高速摄影仪和背光板灯源，待储气罐中的空气排出后关闭阀门，保存数据并关闭计算机。

在做气液两相流试验过程中需要注意以下事项。

（1）引压管要使用透明管，试验中经常留意引压管中是否存在气泡，如有气泡必须将气泡排出后再进行试验。

（2）气回路的压力要保持 0.3MPa 不变，试验中经常检查压力表示数，为了尽量保证气回路流量的稳定，可以缩小空压机的启动和停机压力范围，试验中设置空气压缩机压力低于 0.7MPa 启动，高于 0.8MPa 停机。

（3）在测量含气率时一定要将气回路和水回路的阀门关闭，防止试验段压力过大导致管道或连接处炸裂漏水。

3.4　小　　结

　　本章首先介绍了后续所用到的气液两相流试验系统的运行流程，描述了高频低幅和低频高幅起伏振动试验台的结构和工作原理以及振动参数变化范围，给出了关键试验设备的型号和性能参数。其次采用不确定度分析方法对试验中相关参数测量的不确定度进行了计算，结果表明试验所测量的参数不确定度较小，试验结果真实可靠。最后简要介绍了不同试验的试验步骤。

参 考 文 献

[1] 张饶, 金峰, 黄杜若, 等. 地震波频率非平稳对土石坝非线性结构响应影响研究[J]. 水利学报, 2022, 53(8): 926-938.

[2] Stanislaw R M. Ocean surface waves: their physics and prediction[M]. London: World Science Publishing House, 1996: 2.

[3] 中国大百科全书出版社编辑部, 中国大百科全书总编辑委员会《大气科学、海洋科学、水文科学》编辑委员会. 中国大百科全书: 大气科学、海洋科学、水文科学[M]. 北京: 中国大百科全书出版社, 1998.

[4] ÇEngel Y A , Cimbala J M . Fluid mechanics: fundamentals and applications[J]. Fluid Mechanics Fundamentals & Applications, 2013, 6(3): 231-259.

[5] Zhou Y L, Chang H, Lv Y Z. Gas-liquid two-phase flow in a horizontal channel under nonlinear oscillation: flow regime, frictional pressure drop and void fraction[J]. Experimental Thermal and Fluid Science, 2019, 109: 109852.

[6] 高璞珍, 庞凤阁, 王兆祥. 核动力装置一回路冷却剂受海洋条件影响的数学模型[J]. 哈尔滨工程大学学报, 1997(1): 24-27.

[7] Yao C, Li H X, Xue Y Q, et al. Investigation on the frictional pressure drop of gas liquid two-phase flows in vertical downward tubes[J]. International Communication in Heat and Mass Transfer, 2018, 91: 138-149.

[8] Xue Y Q, Li H X, Hao C Y, et al. Investigation on the void fraction of gas-liquid two-phase flows in vertically-downward pipes[J]. International Communication in Heat Mass Transfer, 2016, 77: 1-8.

[9] 陆廷济, 胡德敬, 陈铭南. 物理实验教程[M]. 上海: 同济大学出版社, 2000.

第4章　起伏振动单相流摩擦压降特性

气液两相流摩擦压降是一个重要特性参数，其准确计算对设备安全稳定运行有重要意义。当管道处于起伏振动时，在振动附加力的作用下，气液相间作用力和流体与管壁的作用力会发生变化，进而导致气液两相流摩擦压降的改变。由于对起伏振动气液两相流摩擦压降的研究较少，本章从比较简单的单相流动出发，研究了高频低幅振动对倾斜上升管单相流摩擦压降的影响并建立了起伏振动单相流摩擦压降计算关系式，为两相流摩擦压降的研究提供参考。

4.1　静止管道内单相流体摩擦压降计算

流体在管内流动不可避免会产生能量的损失，普遍认为实际流体在管内流动时产生的能量损失主要来自沿程损失和局部损失。黏性流体在管道中流动时由于流体和管道壁面之间存在摩擦力，流体流动时会受到摩擦力的阻滞，产生摩擦压降，可用式（4-1）求得。

$$\Delta P_{\mathrm{f}} = \lambda \frac{L}{D} \frac{v^2}{2g} \tag{4-1}$$

式中：ΔP_{f} 为摩擦压降，Pa/m；λ 为摩擦阻力系数；L 为管道长度，m；D 为管道当量直径，m；v 为流速，m/s。

对于层流流动，通过理论分析可以得出摩擦阻力系数的计算公式，即

$$\lambda = \frac{64}{Re} \tag{4-2}$$

由于紊流流动的复杂性，管壁粗糙度又各不相同，所以紊流流动的摩擦阻力系数不能完全从理论上求得，需要依靠试验测量得到数据进行整理，得到经验公式。尼古拉兹采用人工方法制造了不同粗糙度的圆管，用 Δ 表示管壁的绝对粗糙度，R 表示圆管半径，在不同管径和流量下进行试验，得到了摩擦阻力系数和雷诺数 Re 的关系，即尼古拉兹试验曲线。结果表明单相摩擦阻力系数的计算可以分为五个区域。

1. 层流区

当 $Re < 2300$ 时，摩擦阻力系数和管壁相对粗糙度无关，仅和 Re 有关，和式（4-2）一致。

2. 层流到紊流过渡区

当 2300<Re<4000 时，处于层流到紊流的过渡区，该区域规律性较差，无明确计算方法。

3. 紊流水力光滑管区

当 4000<Re<59.6$(R/\Delta)^{8/7}$ 时，摩擦阻力系数和相对粗糙度无关，仅和 Re 有关，称为紊流水力光滑区。对于该区域，布拉休斯（Blasius）提出了摩擦阻力系数的计算公式[1]，即

$$\lambda=\frac{0.3164}{Re^{0.25}} \tag{4-3}$$

4. 紊流水力粗糙管过渡区

当 59.6$(R/\Delta)^{8/7}$<Re<4160$(R/\Delta)^{0.85}$ 时，层流底层厚度随 Re 的增大而减小，摩擦阻力系数和 Re 以及相对粗糙度有关，计算公式比较复杂。科尔布鲁克（Colebrook）提出了一个经验公式[1]，如式（4-4）所示。

$$\frac{1}{\sqrt{\lambda}}=-2\lg\left(\frac{\Delta}{3.7D}+\frac{2.51}{Re\sqrt{\lambda}}\right) \tag{4-4}$$

5. 紊流水力粗糙管平方阻力区

Re>4160$(R/\Delta)^{0.85}$ 后摩擦阻力系数和 Re 无关，仅和相对粗糙度有关，可用式（4-5）计算[1]。

$$\lambda=\left(1.74+2\lg\frac{r}{\Delta}\right)^{-2} \tag{4-5}$$

式中：r 为圆管半径。

这种计算方法需要先判断流动状态处于哪个区域，Fang 等[2]提出了一个具有统一形式的摩擦阻力系数计算公式，即

$$\lambda=0.25\left[\lg\left(\frac{150.39}{Re^{0.98865}}-\frac{152.66}{Re}\right)\right]^{-2} \tag{4-6}$$

Fang 等[2]指出 Re 在 3000～10^8 范围内，平均绝对误差约 0.02%，最大相对误差约-0.05%。

4.2 起伏振动管内单相流摩擦压降特性

由于起伏振动对流动摩擦压降的应用规律尚不明确，摩擦压降的计算模型没

有参考依据，对起伏振动下单相流摩擦压降的研究能够为两相流摩擦压降的研究奠定基础。控制高频低幅振动台以振动频率 2Hz、5Hz 和 8Hz，振幅 2mm、5mm 和 8mm 做正弦振动，对管径 15mm、20mm、25mm 和 30mm，倾角 10°、25° 和 45° 的倾斜上升管内单相流摩擦压降进行研究，获得起伏振动对单相流摩擦压降的影响规律，建立单相流摩擦压降计算模型。试验系统在气液两相流平台上进行，关闭气回路管道，保留水回路，如图 4-1 所示，采用动态压差变送器测量试验段进出口压差。

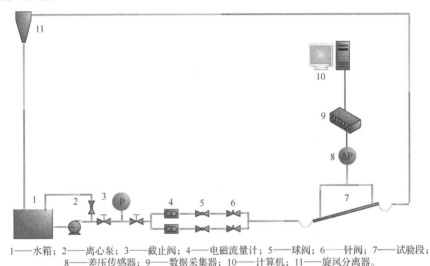

1——水箱；2——离心泵；3——截止阀；4——电磁流量计；5——球阀；6——针阀；7——试验段；
8——差压传感器；9——数据采集器；10——计算机；11——旋风分离器。

图 4-1　起伏振动倾斜上升管单相流摩擦压降试验系统

4.2.1　摩擦压降数据处理

文献[3]指出，海洋条件下流动受到附加力的作用会产生附加压降，因此起伏振动倾斜管单相水的压降主要由摩擦压降、重位压降和附加压降组成，即

$$\Delta P = \Delta P_f + \Delta P_g + \Delta P_{add} \tag{4-7}$$

式中：ΔP_f 为摩擦压降，Pa；ΔP_g 为重位压降，Pa；ΔP_{add} 为附加压降，Pa。

对于倾斜管，两个引压管之间压力差值与试验段中水的重位压降相互抵消，则

$$\Delta P = \Delta P_f + \Delta P_{add} \tag{4-8}$$

以往研究均根据文献[3]的公式计算附加压降或将引压管中的附加压降与试验段中的附加压降抵消，不仅增加了试验误差，而且使得计算过程复杂化。本节将振动附加力当作摩擦力的一部分，把摩擦压降和附加压降合并，称为起伏振动摩擦压降 ΔP_{fv}，即

$$\Delta P = \Delta P_{fv} \tag{4-9}$$

振动摩擦阻力系数 λ_v 仍根据稳定状态下的 Dancy-Weisbach 公式计算：

$$\lambda_v = \frac{2\Delta P_{fv} D}{\rho L W^2}　　　　（4\text{-}10）$$

4.2.2　试验参数对摩擦压降的影响

1. 起伏振动对摩擦压降的影响

文献[4]将附加压降进行抵销处理，结果表明摇摆运动引起摩擦压降的波动，但摇摆工况的改变对平均摩擦阻力没有明显影响。文献[5]没有单独考虑附加压降，计算了起伏振动时液氢流动的平均摩擦压降，发现振动会导致压降的增大。但其中涉及相变问题，作者将压降的增大归因于管内气相的增加。本试验得出的 D=15mm、v=1.38m/s、f=5Hz、A=5mm 时起伏振动和静止管道下的摩擦压降对比如图 4-2 所示。结果表明，起伏振动摩擦压降表现出明显的类似正弦函数波动，波动范围为平均值的 22.8%～204.8%。此外，起伏振动摩擦压降平均值为 3.42kPa，相同流动参数下静止管道内摩擦压降为 0.69kPa，起伏振动摩擦压降平均值远大于静止管道，这说明起伏振动显著增加单相流动的摩擦压降。这是因为起伏振动引起的附加力增大了管内流体微团与壁面间的碰撞，导致能量损失增大。

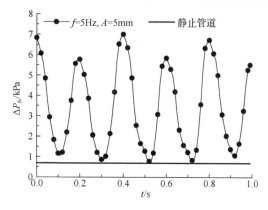

图 4-2　静止和起伏振动状态的摩擦压降对比

图 4-2 说明起伏振动导致单相流动具有不稳定性，为了进一步分析起伏振动和摩擦压降的关系，采用傅里叶分解得到起伏振动和静止管道内摩擦压降的波动频率，如图 4-3 所示。由图 4-3 可知，在起伏振动状态下摩擦压降波动有显著的主频分量，其他谐波分量可忽略不计，这说明起伏振动状态下摩擦压降表现出规律的周期性波动，且摩擦压降波动中振动频率分量比重最大，说明摩擦压降的波动频率与起伏振动频率一致。稳定状态下的摩擦压降不存在波动周期。

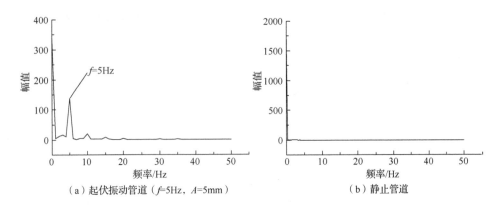

（a）起伏振动管道（f=5Hz，A=5mm）　　　　（b）静止管道

图 4-3　起伏振动和静止状态的摩擦压降波动频率

图 4-4 所示为 f=5Hz、A=5mm 时摩擦压降随加速度的波动，可以发现摩擦压降和加速度有类似的波动规律。由于试验采用离心泵提供水头，结合文献[6]可得出采用离心泵提供水头时瞬时流量不随振动呈现周期性变化，因此摩擦压降的周期性变化主要由振动引起的周期性作用力导致。将 1 个振动周期分为 4 阶段，管道的运动及管内流体微元受力，如图 4-5 所示。

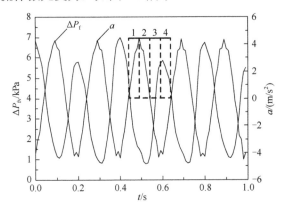

图 4-4　起伏振动下摩擦压降与振动加速度的关系

在 1 阶段，管道从平衡位置向下运动，管内流体微元受力为向下的重力和向上的附加力的合力，随振动加速度的增大，振动附加力 F_{zd} 逐渐增大，流体微元与管壁作用力减小，摩擦压降减小，在 1 阶段结束时摩擦压降达到最小值。在 2 阶段，管道从下限位置向上运动，管内流体微元受力为向下的重力和向上的附加力的合力，随振动加速度的减小，F_{zd} 逐渐减小，流体微元与管壁作用力增大，摩擦压降增大。在 3 阶段，管道从平衡位置向上运动，管内流体微元受力为向下的重力和向下的附加力的合力，随振动加速度的增大，F_{zd} 逐渐增大，流体微元与管壁作用力增大，摩擦压降增大，在 3 阶段结束时摩擦压降达到最大值。在 4 阶段，

管道从上限位置向下运动，管内流体微元受力为向下的重力和向下的附加力的合力，随振动加速度的减小，F_{zd} 逐渐减小，流体微元与管壁作用力减小，摩擦压降减小。

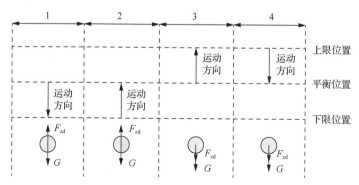

图 4-5　f=5Hz 时管道运动及管内流体微元受力

2. 管径对摩擦压降的影响

f=5Hz，A=5mm，Re=27900，D 分别为 15mm、20mm 和 25mm 和 30mm 时单相水的振动摩擦阻力系数波动如图 4-6 所示。由图 4-6 可知，随管径的变化，振动摩擦阻力系数 λ_v 的平均值有显著变化。当 D 从 15mm 增加至 20mm 时，λ_v 的平均值从 0.028 增至 0.077，瞬时值相对于平均值的波动范围无明显变化。这是因为随管径的增大，管内水的波动程度增大，进而增大了能量损失，摩擦阻力系数增大。当 D 从 20mm 增加至 30mm 时，λ_v 的平均值从 0.077 降至 0.058，且当 D=30mm 时 λ_v 的峰值表现为一高一低的变化，瞬时值相对于平均值的波动范围有所减小。这是因为随管径的继续增大，振动对流动的影响相对减小，导致 λ_v 的波动范围和平均值有所减小。

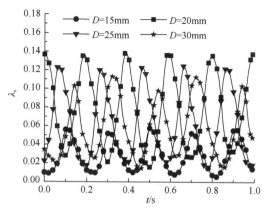

图 4-6　不同管径下振动摩擦阻力系数的波动

3. 倾角对摩擦压降的影响

f=5Hz、A=5mm、D=15mm、Re=35160 时不同倾角 θ 下振动摩擦阻力系数的变化如图 4-7 所示。由图 4-7 可知：当 θ 从 10° 增至 24° 时，λ_v 平均值从 0.042 降至 0.023；当 θ 从 24° 增至 45° 时，λ_v 平均值从 0.023 降至 0.02。这说明 λ_v 平均值随倾角的增大而减小，随倾角的增大，λ_v 平均值的减小幅度降低。这是因为随倾角的增大，振动附加力在垂直于壁面方向上的分力减小，对流动的影响削弱，使得振动摩擦阻力系数减小。

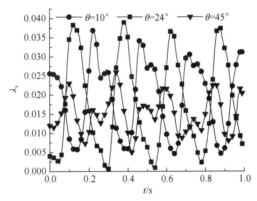

图 4-7　不同倾角下振动摩擦阻力系数的波动

4. Re 对摩擦压降的影响

f=5Hz、A=5mm、D=15mm 时不同 Re 下的振动摩擦阻力系数的波动如图 4-8 所示。由图 4-8 可知：当 Re=20600 时，λ_v 平均值为 0.067；当 Re=35160 时，λ_v 平均值为 0.027。振动摩擦阻力系数与 Re 成反比，这与稳定状态下的摩擦阻力系数变化规律一致。此外，随 Re 的变化，瞬时振动摩擦阻力系数的波动情况也有所不同。当 Re=20600 时，λ_v 的波动范围为平均值的 22.8%～204.7%；当 Re=35160 时，λ_v 的波动范围为平均值的 19.2%～183.6%。这说明随 Re 的增加，λ_v 的波动范围减小。产生这种现象的原因是相同振动下，随 Re 的增加，振动附加力对流动的影响减小，进而使得 λ_v 的波动范围减小。

5. 振动频率对摩擦压降的影响

由式（3-3）可知，振动加速度与振动频率的平方成正比，振动频率的改变会严重影响振动附加力，进而改变振动摩擦阻力系数。D=20mm、Re=27826、A=5mm 时不同振动频率下振动摩擦阻力系数的变化如图 4-9 所示。由图 4-9 可知，相同振幅下振动频率的改变会引起振动摩擦阻力系数的平均值和波动规律的变化。当 f 由 2Hz 增至 5Hz，λ_v 的平均值由 0.029 增至 0.076，λ_v 的波动范围由 19.5%～207.9% 变化至 20.7%～183.4%；当 f 由 5Hz 增至 8Hz，λ_v 的平均值由 0.076 降至 0.034，λ_v 的波动范围由 20.7%～183.4% 变化至 4.1%～304.1%。

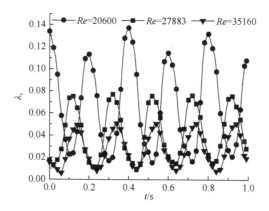

图 4-8 不同 Re 下振动摩擦阻力系数的波动

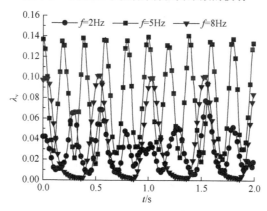

图 4-9 不同振动频率下振动摩擦阻力系数的波动

这种变化产生的原因可用图 4-5 的受力分析解释。当振动频率较低时,振动附加力较小,此时水和管道同步振动。随振动频率的增大,水的纵向运动加剧,能量损失增大,导致摩擦压降的增大。同时随振动频率的增大,水的运动方向改变速度加快,同一方向上的力持续作用时间减小,导致振动摩擦压降的波动幅度减小。当振动频率较大时,振动附加力较大,此时水和管道的运动不同步。随振动频率的增大,水在振动附加力和惯性的作用下会持续一段时间集于管道中间,水和管道壁面的作用力很小,振动摩擦压降会在低位保持一定的时间。当水在管道中间的状态结束后,水的运动和管道运动叠加,导致摩擦压降迅速增大到最大值。

6. 振幅对摩擦压降的影响

振幅的改变同样会引起振动附加力的变化,进而改变振动摩擦阻力。当 D=20mm、Re=27826、f=5Hz 时不同振幅下振动摩擦阻力系数的波动如图 4-10 所示。

由图 4-10 可知，A 从 2mm 增至 8mm 时，λ_v 的平均值从 0.045 增至 0.092。这是因为振动附加力与振幅的一次方成正比，随振幅的增大，振动加速度随之增大，但并不能引起水的管道的相对运动状态的变化，仅使得管内水与壁面的作用力增大，导致振动摩擦阻力系数的增大。

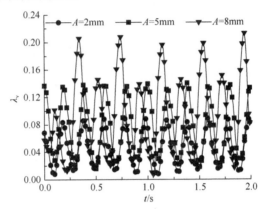

图 4-10　不同振幅下振动摩擦阻力系数的波动

4.2.3　摩擦压降计算模型

由以上分析可看出，起伏振动状态下的振动摩擦阻力系数周期性波动比较明显，不能用稳定状态下的计算模型计算，需要提出适用于起伏振动状态的振动摩擦阻力系数计算公式。通过分析可得振动摩擦阻力系数主要与摇摆状态（a，u）、Re 和当量直径有关，利用量纲分析法可导出振动摩擦阻力系数的表达式。起伏振动状态下单相流振动摩擦阻力特性物理方程为

$$F(\Delta P_{fv}, \mu, Re, a, u, D, L, \rho, v, \theta) = 0 \tag{4-11}$$

式中：μ 为动力黏度，Pa·s。

本研究试验管段为光滑有机玻璃管，忽略粗糙度的影响，则振动摩擦压降为

$$\Delta P_{fv} = f\left(Re, \frac{aD}{v^2}, \frac{u}{v}, \theta\right) \cdot \frac{L}{D} \cdot \frac{\rho^2}{2} v^2 \tag{4-12}$$

起伏振动状态下的振动摩擦阻力系数可表示为

$$\lambda_v = f\left(Re, \frac{aD}{v^2}, \frac{u}{v}, \theta\right) \tag{4-13}$$

通过对影响因素和大量数据分析，最终将振动摩擦阻力系数写为

$$\lambda_v = c_1 + c_2\left(\frac{aD\cos\theta}{v^2}\right) + c_3\left(\frac{u\cos\theta}{v}\right) \tag{4-14}$$

为了分析振动对流动特性的影响，定义振动雷诺数 Re_v 为

$$Re_v = \frac{\rho u_v D}{\mu} \tag{4-15}$$

式中：u_v 为等效振动速度值，m/s，用式（4-16）计算。

$$u_v = 4u_m f \tag{4-16}$$

式中：u_m 为振动速度峰值，m/s。

通过对大量试验数据进行拟合，得到式（4-14）中 c_1、c_2 和 c_3 的关系式为

$$\begin{cases} c_1 = 10^{2.214} Re^{-1.298} Re_v^{0.4448} \\ c_2 = 10^{-7.043} Re^{2.305} Re_v^{0.4955} \\ c_3 = 10^{-3.083} Re^{1.119} Re_v^{-0.3681} \end{cases} \tag{4-17}$$

得出的起伏振动状态下振动摩擦阻力系数计算值和试验值的对比如图4-11所示。从图 4-11 中明显可看出，该关系式能较准确地计算振动摩擦阻力系数。在峰值和谷值位置由于波动较剧烈，试验测量值随机性较大，因此关系式误差较大，在中间位置的拟合误差均在 10% 以内，平均相对误差为 9.85%。该关系式的适用范围为 $2\text{Hz} \leqslant f \leqslant 8\text{Hz}$、$2\text{mm} \leqslant A \leqslant 8\text{mm}$、$4687 \leqslant Re \leqslant 35200$、$10° \leqslant \theta \leqslant 45°$，振动方式为单一振动模式。

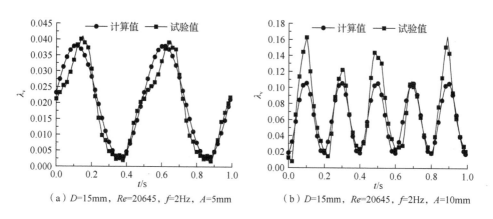

（a）$D=15\text{mm}$，$Re=20645$，$f=2\text{Hz}$，$A=5\text{mm}$　　　　（b）$D=15\text{mm}$，$Re=20645$，$f=2\text{Hz}$，$A=10\text{mm}$

图 4-11　振动摩擦阻力系数计算值和试验值的比较

4.3　小　　结

本章采用试验方法对单相水振动摩擦压降进行研究，主要得出以下结论。

（1）起伏振动状态下单相水的摩擦压降呈周期性波动，且摩擦压降平均值较稳定状态大。

（2）在相同起伏振动条件下，*Re* 越大，振动摩擦阻力系数的平均值和波动范围越小；振动摩擦阻力系数与倾角成反比。管径对振动摩擦阻力系数的影响较复杂，当管径从 15mm 增至 20mm 时，振动摩擦阻力系数平均值显著增大；当管径从 20mm 增至 30mm 时，振动摩擦阻力系数平均值降低。

（3）由于振动附加力和重力的相互影响，振动摩擦阻力系数平均值随振动频率的增大先增大后减小。振动摩擦阻力系数平均值随振幅的增大而增大。

（4）得出了振动摩擦阻力系数的经验公式，与试验值吻合较好，为起伏振动状态下振动摩擦阻力的计算提供了新思路。

参 考 文 献

[1] 阎昌琪. 气液两相流[M]. 哈尔滨: 哈尔滨工程大学出版社, 2017.

[2] Fang X D, Xu Y, Zhou Z R. New correlations of single-phase friction factor for turbulent pipe flow and evaluation of existing single-phase friction factor correlations[J]. Nuclear Engineering and Design, 2011, 241(3): 897-902.

[3] 高璞珍, 庞凤阁, 王兆祥. 核动力装置一回路冷却剂受海洋条件影响的数学模型[J]. 哈尔滨工程大学学报, 1997(1): 24-27.

[4] 幸奠川. 摇摆对矩形通道内流动阻力特性的影响研究[D]. 哈尔滨: 哈尔滨工程大学, 2013.

[5] 陈虹, 郑尧, 常华伟, 等. 振动对水平管内液氢两相流影响的数值模拟[J]. 低温技术, 2018, 45(5): 8-12.

[6] 栾锋, 阎昌琪, 郾文忠. 摇摆对水平管内单相水阻力特性的影响分析[J]. 实验流体力学, 2013, 27(5): 55-60.

第5章 高频低幅振动状态下气液两相流型特性

气液两相流型是气液两相流动重要特征参数之一,影响到两相流动的传热状态。相界面的分布特性是影响流型的关键因素,起伏振动会在一定程度上影响相界面分布,进而改变气液两相流型。本章对高频低幅振动状态下水平和倾斜上升管内流型进行可视化和理论研究,对流型进行定义,改变管道和振动参数,研究管道和振动参数对流型转变界限的影响规律,基于静止管道内流型转变机理,考虑振动加速度的影响,建立适用于高频低幅起伏振动的流型转变关系式,为高频低幅振动下流型的确定提供一定的理论参考。

5.1 水平管气液两相流型特性

水平管是工业生产中常见的管道类型,起伏振动会在流动径向上引入附加力,会明显影响液相界面,因此有必要对起伏振动水平管内气液两相流型进行系统研究。水平管气液两相流试验系统如图3-3(a)所示,管道倾角调整为0°。液相的体积流量参数范围为$0\sim5.0\text{m}^3/\text{h}$,气相的体积流量参数范围为$0.1\sim35\text{m}^3/\text{h}$。试验段放置于电磁式高频低幅振动试验台上,振动频率为$0\sim8\text{Hz}$,振幅为$0\sim10\text{mm}$。

5.1.1 水平管气液两相流型

通过试验发现,振动台带动着试验管路发生起伏式振动,振动条件下气-水两相流与稳定两相流的流动特征相比还有很大区别。振动引起的附加惯性力以及气液两相本身重力所产生的合力对低流速下的气液两相流动影响很大,这种起伏式的运动使得管内流动极不稳定;而在高气相流速或高液相流速的区域中,这种起伏振动的影响明显减弱,管内流型与稳定状态下水平管内的流型十分相似。结合本试验观察到的流型以及公认的水平管内流型的划分,将振动条件下的流型整体上划分为:沸腾波状流、泡弹流、弹状-波状流、泡状流、珠状流以及环状流。相比之前的流型研究,这里定义了三种全新的流型:沸腾波状流、珠状流和弹状-波状流,这也是起伏式振动状态下水平管内新产生的独有流型。

1. 沸腾波状流

在非振动状态下,气相与液相流量均很小的情况下,如图5-1(a)所示,出现了典型的分层流流型，即液相在管道下部，气相在管道上部，两相互不影响的流动。在此工况下对试验段进行振动，观察到振动使管道内的液体流动变得混乱，向上振动时，液体受到向上振动所产生的附加推动力和自身的重力作用，两种力与流动方向的推动力形成斜向上的合力，此时气体对两相界面的剪切力以及管壁产生的阻力并不能够抵挡液体向上振动的趋势，而在向下振动时，其重力与振动的推动力均是向下，其斜向下的合力比向上的要更大，液体下落得更快。如图 5-1（b）所示，整个振动过程非常短暂，在振动时，由于液体的上下不规则流动使得气体夹杂在液体间隙中从而遍布整个管道内，而不是仅在管道的上部流动。从图像中可以观察整个流型近似于波状流，但液体内部有大量气泡出现，液相界面振动的波纹也很剧烈，像是沸腾的水一样，这种未知的流型取名为沸腾波状流。气液两相的流动方向如图 5-1 中箭头指向方向所示。

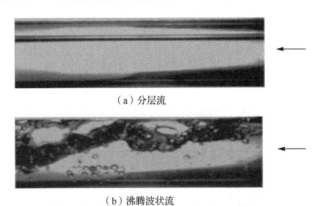

（a）分层流

（b）沸腾波状流

图 5-1　分层流与沸腾波状流（Q_G=0.346m³/h，Q_W=0.346m³/h）

2. 泡弹流

随着液相流量的增加，气相跟随液相以不连续的形式流动，液相沿管路连续流动，在流动中，短的气弹间歇地接触到管壁，有的衰减，有的合并成新弹。这种流型称为弹状流，图 5-2（a）为非振动状态下的弹状流。在该工况下振动，发现长气弹在上下振动的影响下被分隔成诸多小气弹，且每个小气弹周围都伴随有小气泡。在弹状流中，管道内液相占的体积较大，在振动中，由于液体距离管道顶部很近，向上振动时很容易接触到管壁，从而使之前的长气弹被液体碰撞分隔成诸多小气弹，但气体总量并无变化，只是被液体挤压成更小更深的气弹，在上下振动挤压过程中自然也产生了很多小气泡散布在管道内。我们把这种流动定义为泡弹流，如图 5-2（b）所示。

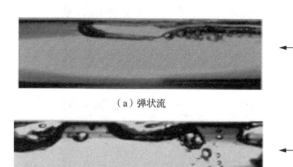

（a）弹状流

（b）泡弹流

图 5-2　弹状流与泡弹流（Q_G=0.346m³/h，Q_W=1.731m³/h）

3. 弹状-波状流

　　间歇流是在非振动状态下出现的最为普遍的一种流型，其连续的液相被气相所分隔，气相呈现弹头状或塞状在管道内间歇分布流动，流动虽然看似很不规律，但存在着一定的周期性。这种流型定义为间歇流。图 5-3（a）与（b）为非振动状态下的间歇流。图 5-3（a）为气相被液相分隔处，图 5-3（b）为分隔之后连续的气相与液相流动，类似于分层流。在此工况下振动，我们观察到对应图 5-3（a）、（b）这两种情况下的流动均发生了变化，如图 5-3（c）与（d）所示。图 5-3（c）的流动，有点近似于弹状流，但各个气弹长短不同，大小不一。图 5-3（b）中的液体表面上伴有分散的气泡，在上下振动时就形成类似于分层流波动时的波状分层流，且在液体表面上的小气泡变成了大气泡，这是振动产生的驱动力使小气泡发生聚合造成的，形成图 5-3（d）。我们将图 5-3（c）与（d）的这种新间歇流形式称为弹状-波状流。

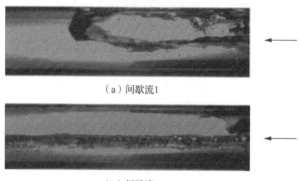

（a）间歇流1

（b）间歇流2

图 5-3　间歇流与弹状-波状流（Q_G=1.04m³/h，Q_W=0.7m³/h）

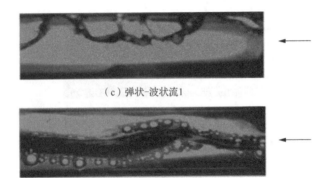

（c）弹状-波状流1

（d）弹状-波状流2

图 5-3（续）

4. 泡状流

由于试验段管径较大，故泡状流只出现在高液低气流量的区域，充满管道的液相中分布着漂浮在管道上部的离散的气泡，如图 5-4（a）出现了非振动状态下的泡状流。对此工况进行振动，发现这种起伏式运动对管内的流型几乎无影响，只是离散的气泡在上下运动中更均匀地分布于管道顶部，与稳定状态下的泡状流相比，截面含气率同样很低，如图 5-4（b）所示。

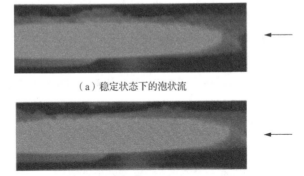

（a）稳定状态下的泡状流

（b）振动状态下的泡状流

图 5-4　稳定状态与振动状态下的泡状流（Q_G=0.35m³/h，Q_W=3.5m³/h）

5. 珠状流

泡状流向弹状流转变的主要原因是气泡的聚合作用，而振动会使分布在液相中的小气泡产生聚合。在即非振动状态下泡状流向弹状流转换的边界处，如图 5-5（a）所示；我们发现振动使其产生了一种新颖的流型，如图 5-5（b）所示。气泡在上下高频振动时，迅速聚合成气弹，与正常弹状流不同的是，其气弹并未浮在液体表面，而是呈圆珠状在液体内部流动，随着上下振动，珠状气弹或小或大，不断变化。我们将这种新型的流型称为珠状流。

（a）泡状向弹状转变的过渡区

（b）珠状流

图 5-5 泡状流与珠状流（Q_G=0.35m³/h，Q_W=3m³/h）

6. 环状流

高气相低液相流量所产生的流型为环状流，如图 5-6（a）所示为非振动状态下的环状流，气相在管道的中心快速流动，液相在气相的冲击下与管壁碰撞形成液膜，不规则的液膜附着在管壁四周，整个管道壁面由于气相流速过大也不存在大量气泡的产生、汇聚与破灭。在该工况下进行振动，如图 5-6（b）所示，我们发现同泡状流一样，其振动附加力对流型的影响明显变弱。需要强调的是，当水流量较小时，管道底部与顶部的液膜厚度基本相同，当水流量很大时，虽然会受到上下振动力的影响，但气相流速太高，横向剪切力远远大于重力与上下振动力的合力，液体主要还是会附着在管道底部，其管道底部液相厚于顶部。

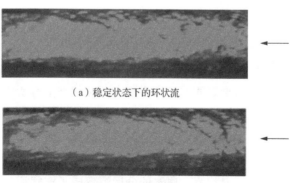

（a）稳定状态下的环状流

（b）振动状态下的环状流

图 5-6 稳定状态与振动状态下的环状流（Q_G=35m³/h，Q_W=0.35m³/h）

5.1.2　水平管气液两相流型图

通过试验数据，绘制了起伏式振动状态下水平管内气液两相流型，振动频率和幅度分别为 8Hz 和 5mm，如图 5-7 所示。液相折算流速 J_W 为纵坐标，气相折算流速 J_G 为横坐标，图中实线表述的则为各流型间的转换边界线。从图 5-7 中也可以观察到，在气-液流量相对较小的区域，起伏式振动对流型的影响比较大，流动型式变得复杂，产生了新的流型，而相对应的气-液流量相对较大的区域，起伏式振动对的流型变化影响不显著，对流动的影响也明显减弱。

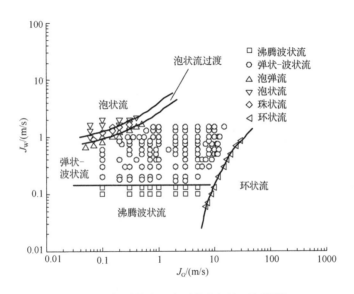

图 5-7　振动状态下水平管内气液两相流型

图 5-8 给出了振动频率 0Hz、振幅 0mm 即稳定状态下的流型简图。从图 5-7 和图 5-8 中可以看出，流型之间的转变界限在两种状态下有所变化，个别流型的定义也发生了变化。在泡状流与弹状流的转变的过渡区域出现了新的流型——珠状流；液相流速较低的区域，稳定状态下的分层流在高频振动的条件下转变成了沸腾波状流流型，处于流动区域中心的间歇流流型在高频振动时被分隔成两种流型，原本的塞状流变成了弹状流，原本的分层流变成了波状流，因此重新定义了弹状-波状流这一新的流型。

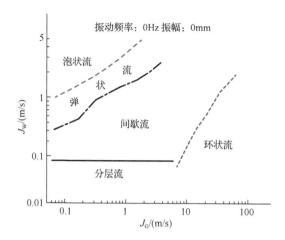

图 5-8　稳定状态下水平管内气液两相流型

5.1.3　水平管气液两相流压差波动

两相流内部流动结构的变化与压差波动紧密关联，由于相界面的运动和气液两相之间相互作用等，管内发生流动就必然伴随着压力波动现象。振动过程中管内产生的压力波动包含了大量的流动信息。因此，本节研究根据分析采集的压差波动信号的特点来判断振动状态下水平管内气-水两相的流型变化，与高速摄影法得到的图像结果对比分析，为之后研究振动状态下非透明管道内的两相流型提供依据。

由于管径较大，泡状流在高液低气情况下才会出现，如 $Q_G=0.35m^3/h$，$Q_W=3.5m^3/h$；试验过程中发现流型在 1～5Hz 这样较低频率的振动状态下变化不明显，故本试验采用的振动频率为 8Hz，振幅为 5mm。

通过对振动状态下水平管内两相流的压差波动信号进行流型研究，依据各流型不同的压差波动特征来判断流型。试验发现：起伏式振动状态下管内两相流的压差波动较为剧烈，波动信号变化频率快，在上下振动的过程中一些新流型还有负压的出现。结合高速摄影法以及压差特性曲线的分析来判断识别振动状态下气-水两相的流动型式。下面给出沸腾波状流、泡弹流、弹状-波状流、泡状流、珠状流、环状流的压差波动分析。

1. 沸腾波状流

沸腾波状流是在振动过程中出现的一种新型的流型，在原流型为分层流的工况下进行振动，形成了如图 5-1（b）所示的流型，在向上振动时，管内流体受到斜向上的合力，其气体对气-液界面的剪切力以及管壁的阻力不足以阻止液体向上振动，流体受到向上合力使得管道底部测压孔受到的压力减少，流体流动时克服内摩擦力而引起的能量损失降低，产生的压降降低，而在向下振动时，斜向下的合力又使得两端测压孔的压力升高，能量损失增大，压降升高。从图 5-9 中可以观察到沸腾波状流的压差波动特征为对应时间轴的 0～2s 以及 7～10s 处的压差波动比中间的波动要密集，这是由这两处的管道内液体体积比较大引起的，2～7s 处的压差变动疏松使气相体积比增加，气泡产生或破灭的频率增加，压差波动的幅值变动相比于其他两处也稍高一些。整个波动的幅值在 0～4kPa 之间变动。

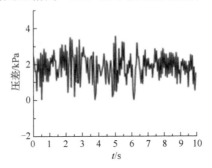

图 5-9　沸腾波状流压差波动信号

2. 弹状-波状流

间歇流是稳定状态条件下出现的最为普遍的一种流型，在 Q_G=1.04m³/h，Q_W=0.7m³/h 工况下进行振动后，原本的间歇流型则转变成了弹状-波状流这种新的流型。如图 5-3（c）、（d）所示。图 5-3（c）的流动，近似于弹状流，但各个气弹长短不同，大小不一，图 5-3（d）的流动类似于分层流波动时的波状分层流，且在液体表面上的小气泡逐渐变成了大气泡，这是由于振动产生的驱动力使小气泡发生聚合所造成的，两者的结合则组成了新流型——弹状-波状流。在振动时由于弹状-波状流的流动变化较大，其压差波动变化也明显加剧，图 5-3（c）中的压差波动类似于泡弹流，压差幅度变化较小，压降主要受液相流动的影响较多，而图 5-3（d）的压差波动则类似于沸腾波状流的波动信号，压降幅度变化较大。虽然整个流动没有很好的稳定性，但整体的变化趋势满足各自流型的特点，频率受振动的影响变化都较快，压降幅度变化有所不同，因此形成了图 5-10 的压差波动信号。

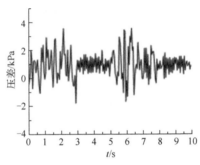

图 5-10　弹状-波状流压差波动信号

3. 泡弹流

随着液相流量的增加（如 Q_G=0.346m³/h，Q_W=2.423m³/h），液相沿着管道连续流动，而气相以不连续的形式跟随着液相流动。在流动中，短的气弹以衰减或合并的形式间歇地在管道上壁移动。随着振动的进行，长气弹在上下振动的影响下被分隔成很多小气弹，在小气弹的周围有小气泡的生成或破灭，这是由于在振动中，液体距管道的顶部很近，向上振动很容易触碰到管壁从而使之前的长气弹被液体碰撞分隔成诸多小气弹，但气体的总量并没有发生变化，在挤压的过程中自然也生成了很多小气泡散布在管道内，这种在振动状态下产生的新流型定义为泡弹流，如图 5-2（b）所示。由于液相增大，流动充满整个管道，气相由于重力的作用只是在管道偏上部运动，并没有大气泡到达测压口，整个流动的压降主要受液相的影响较多，幅度变化相比沸腾波状流也小了很多，出现负压也是因为振动使得出口处的测压孔受到气液相的合力作用大于入口处的测压孔受到的合力作用，压差波动的幅度相比沸腾波状流也稳定了很多，如图 5-11 所示。

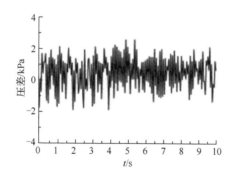

图 5-11　泡弹流压差波动信号

4. 泡状流

由于本试验管径的原因，泡状流只出现在高液低气流量的区域，其离散的气泡分布在连续的液相中并沿着管道在上部运动。对工况为 Q_G=0.35m³/h，Q_W=3.5m³/h 的非振动状态下的泡状流进行振动，发现流型并无明显变化，只是在振动的影响下，离散的气泡更加均匀地分布于管道顶部，界面含气率同样很低，如图 5-4（b）所示。泡状流的压差波动同泡弹流的压差波动相似，同样具有高频低幅的特点，这也是由于泡状流在振动的情况下不断地有小气泡的生成和破灭，振动产生的附加力对液相流体压降的影响较小，导致压差幅度变化不大。图 5-12 为振动状态下泡状流的压差波动信号。

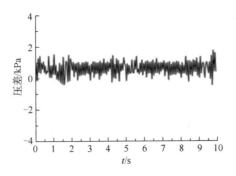

图 5-12　振动状态下泡状流的压差波动信号

5. 珠状流

珠状流也是振动状态下出现的一种新式的流型，在泡弹流与泡状流的转变界限处，气泡在上下高频振动时发生聚合作用，迅速形成气弹。与稳定状态下的弹状流不同的是，该流型下的气弹并不像弹状流一样在管道上部沿着管壁运动，而是呈圆珠状在液体内部流动，珠状气弹随着上下振动或小或大不断变化，如图 5-5（b）所示。珠状流的压差波动信号也正如在泡状流的过渡区域一样，压差波动幅度介于泡状流与泡弹流中间，其珠状气弹的大小直接影响着压降的大小，珠状气弹的形成规律与弥散泡状流的压差波动信号也略有不同，在液相的流动作用力下也并不发生聚合，如图 5-13 所示。

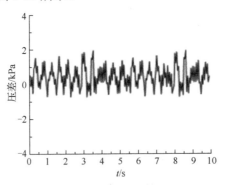

图 5-13　珠状流压差波动信号

6. 环状流

环状流通常出现在高气体流量的区域，图 5-7（b）即为（Q_G=35m³/h，Q_W=0.35m³/h）振动状态下的环状流，同稳定状态下的环状流一样，气相快速流动在管道中心，上下管壁有不规则的液膜附着，高速气体带动着液相的流动。从图 5-6（b）来看，振动对该工况下的流型影响很小，只是会影响管壁上液膜的厚度，使其随着振动而发生不断的变化，这是因为虽然受到上下振动力的影响，但由于气相流速太高，横向剪切力远远大于重力与振动力的合力，使得液相还是会附着在上下管壁处。环状流的含气率很大，流体密度相对其他流型而言也小了很多，振动对两相流体的重位压降影响也大了很多，与泡状流或弹状-波状流相比，环状流的压差波动幅值要大很多。液膜在高速气流的携带下以及振动附加力的影响下不断改变厚度，引起压差信号增大，考虑试验段管路振动的实际状况，管路在向上振动的压差振幅要小于向下振动时的压差振幅，这也是由于向下振动时的能量损失加大，使得压降增高，如图 5-14 所示。

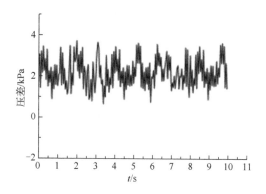

图 5-14　环状流压差波动信号

目前还没有关于对振动状态下水平管内流动特性的研究，本试验只是初步通过高速摄影法、可视化观察以及利用压差波动信号，来确定振动状态下管内气-水两相流的流动型式，可为以后进一步研究该状态下的两相流系统提供一定的参考价值。

5.1.4　振动参数对水平管气液两相流型转变界限的影响

通过改变振动台的振动条件，分析振动频率与振幅的变化对流型转变的影响，画出各振动频率与振幅下对应的流型图。考虑到振动台本身所能达到的振动条件以及实际工程中如车辆颠簸行驶时管道内的高频低幅式振动，本试验选取的振动频率和振幅分别为 2Hz、5Hz、8Hz 和 5mm、10mm。在振幅不变，振动频率为 2Hz、5Hz、8Hz 以及稳定状态条件下给出了振动频率对各种流型转变界限的影响分析，以及在振动频率不变，振幅为 5mm、10mm 以及稳定状态条件下给出了振幅对各种流型转变界限的影响分析。采用无量纲量 $J*$ 来表示管道内液相折算流速与气相折算流速的比值，并将得出的不同振动频率与不同振幅下整个流型的走势分布图结合振动频率与振幅分析哪一个对流型转变的影响更大。

1. 振动频率对流型转变的影响

　　试验段在振动状态下做偏离水平板平衡位置的上下起伏运动，流型状态随着振动不断发生变化，根据本章对流型的定义与划分，将振动状态下水平管内两相流型分为沸腾波状流、弹状-波状流、泡弹流、珠状流、泡状流、环状流六种类型，上面的试验研究已经对其进行了详细的说明与分析。

　　振动频率为 2Hz、5Hz、8Hz 以及稳定状态条件下，用高速摄影仪对试验管道进行拍摄，采集图像并分析不同气液流量下的流型。图 5-15 给出了振动频率对各种流型转变界限的影响，J_W 表示液相折算流速，J_G 表示气相折算流速。

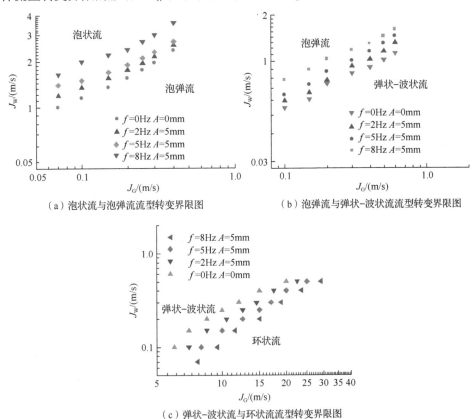

（a）泡状流与泡弹流流型转变界限图　　　　（b）泡弹流与弹状-波状流流型转变界限图

（c）弹状-波状流与环状流流型转变界限图

图 5-15　振动频率对流型转变界限的影响

　　振动频率改变所引起的流型变化表现在以下几个方面。

　　（1）相同气相折算流速下，振动频率的增大使得泡弹流向泡状流转变的边界上移。

　　（2）随着振动频率的增加，弹状-波状流的流动区域扩大，沸腾波状流区域基本不变。

（3）相同液相折算流速下，振动频率的增大使环状流的形成需要更高的气相折算流速。

在相同的液相和气相体积流量以及相同振幅的条件下，振动频率的增大使得管道起伏振动更加剧烈，试验段受到的附加振动力更大，产生的垂直于管道的纵向加速度更大，这是产生上述流型变化的主要原因。

对于图 5-15（a）来说，振动频率越增加，试验段内的两相流对上下管壁的碰撞会越剧烈，气泡会越来越容易聚合形成弹状。因此，在相同气相折算流速条件下，振动频率增加会使形成泡状流所需的液相折算流速增加。

在振动状态下，沸腾波状流的稳定存在与振动频率密切相关，振动频率越大，振动得越剧烈，所呈现的沸腾波状程度越明显。只要流体工况不变，沸腾波状流基本不会随着振动频率的改变而发生流型转变，只是发生流动的剧烈程度变化。从图 5-15（b）可以看出振动导致泡弹流向弹状-波状流的转变界限向左上移动，这主要是因为在振动过程中，随着振动频率增加，管内流动波动增大，气液相界面间的液体更容易被碰撞、夹裹，气弹也更容易撞击聚合形成小气弹，最终发展成稳定的弹状-波状流。

从图 5-15（c）可以得到随着振动频率的增加，弹状-波状流向环状流的转换界限右移，这是因为附着在高速流动气相周围的液膜在上下振动过程中，液膜厚度波动加大致使气相在管道内的流动阻力增加，要形成充分发展的环状流就必须需要更大的气体流量。

2. 振幅对流型转变的影响

在起伏式振动过程中，振幅同样是影响两相流型转变的一个重要因素。同样，在振幅为 5mm、10mm 以及稳定状态条件下进行试验并分析不同气液流量下的流型转变情况。图 5-15（a）、（b）、（c）分别给出了不同振幅对不同流型转变的影响。

如图 5-15（a）所示，振幅增加，试验管道达到振动最高点时受到的惯性力作用较大，气泡在上下大幅度波动产生的聚合可能性更明显，振动频率不变，振幅的增加实际上也是变相地增大了振动的剧烈程度。因此，同振动频率对流型转变的影响相似，在气相折算流速不变的条件下，振幅的增加使泡状流的形成需要更大的液相折算流速。

振幅对泡弹流向弹状-波状流转变界限的影响同振动频率一样，当振动频率不变、振幅增大时，振动剧烈程度加大，液体波动加剧，因此容易形成弹状-波状流。从图 5-16（b）中也可以看出，随着振幅的提高，泡弹流向弹状-波状流的转变界限左移，形成弹状-波状流所需的气相折算流速减小。

在弹状-波状流转变为环状流的过程中，振动频率不变的条件下增加振幅，意味着试验管段要在相同的时间内达到更高以及更低的起伏幅值，这对液膜的轴向铺展很不利，液膜也很难沿着管壁流动，依据这一点分析得出稳定发展的环状流形成同样需要更高的气体流量，这和振动频率对环状流的影响结果一致，如图 5-16（c）所示。

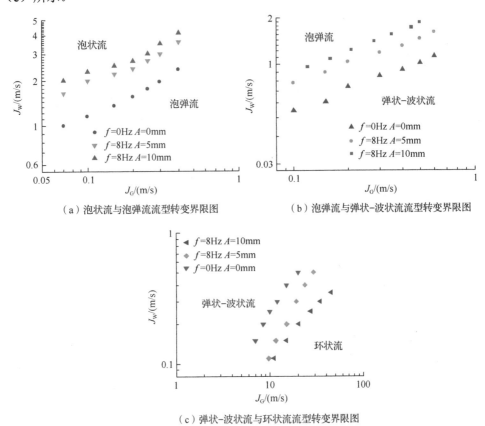

（a）泡状流与泡弹流流型转变界限图　　　　（b）泡弹流与弹状-波状流流型转变界限图

（c）弹状-波状流与环状流流型转变界限图

图 5-16　振幅对流型转变界限的影响

图 5-17 与图 5-18 分别表示不同振动频率与不同振幅下整个流型的走势分布图。从图中观察得出，无论是振动频率还是振幅的提高，各流型转变界限都会有向外扩张的趋势，使得弹状-波状流区域变得越来越大，环状流、沸腾波状流与泡状流区域逐渐减小，而泡弹流的区域基本不变。整个流型的走势分布可以看作像是以弹状-波状流为中心，各流型转变的界限向外沿着不同的方向以不同的程度扩大；不同振动频率下整个流型走势的扩张趋势与不同振幅下整个流型走势的扩张趋势基本相同。

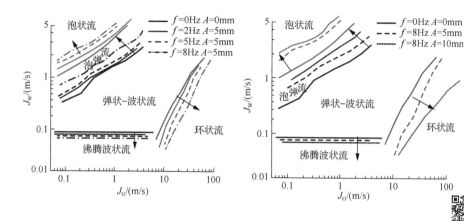

图 5-17　不同振动频率下流型走势分布图　　图 5-18　不同振幅下流型走势分布图

在研究流型走势变化后，需要找出振动频率与振幅哪一个对流型转变的影响更大。采用无量纲量 J^* 表示管道内液相折算流速与气相折算流速的比值，即

$$J^* = \frac{J_{\mathrm{W}}}{J_{\mathrm{G}}} \tag{5-1}$$

通过找出各流型发生转变时，其转变界限处对应的液相与气相折算流速来分析频率与振幅对流型转变的影响。对各流型转变界限的流速比数据统计见表 5-1、表 5-2 和表 5-3。

例如，从表 5-1 中可以看出，频率提高、振幅不变的情况下流速比以 15%左右的降低率在减少；而振幅提高、频率不变时，流速比以 17%左右的降低率在减少。这就意味着振幅提高相比于频率提高在弹状-波状流到达环状流所需要的气相折算流速稍高一些。

表 5-1　弹状-波状流与环状流流型转变的流速比统计

流型转变界限	频率	振幅	流速比
	0	0	0.0235
弹状-波状流	2	5	0.020
与环状流流型	5	5	0.016
转变界限处	8	5	0.013
	8	10	0.009

表 5-2　泡弹流与弹状-波状流流型转变的流速比统计

流型转变界限	频率	振幅	流速比
	0	0	2.24
泡弹流与	2	5	2.54
弹状-波状流流型	5	5	2.81
转变界限处	8	5	3.18
	8	10	3.51

表 5-3　泡状流与泡弹流流型转变的流速比统计

流型转变界限	频率	振幅	流速比
	0	0	6.8
泡状流与	2	5	7.5
泡弹流流型	5	5	8.1
转变界限处	8	5	10.5
	8	10	11.9

同理,从表 5-2 中可以看出,频率提高、振幅不变的情况下流速比提高了 14%;而振幅提高、频率不变时,流速比提高了 14.7%。表 5-3 中,振幅不变时,流速比以 19%的增加率在增长;而频率不变时,流速比以 21%的增加率在增长。总体来看,对流型转变的影响,振幅只是比频率高了 1%~2%,两者影响基本相同。

3. 不同振动条件下的流型图

通过改变振动条件,绘制了各振动条件下的流型图,如图 5-19、图 5-20 和图 5-21 所示分别为振幅 5mm、振动频率为 2Hz 和 5Hz 状态下以及振动频率 8Hz、振幅为 10mm 状态下的流型图。

将这三种流型图与图 5-17 和图 5-18 综合对比分析,可以看出在振动频率为 2Hz、振幅 5mm 的振动状态下并没有出现明显的沸腾波状流、珠状流等流型,而是与稳定状态下的各流型相似;而在振动频率为 5Hz、振幅为 5mm 的振动状态下出现了明显的沸腾波状流等新的流型。可以得出即使在振动状态下,原本稳定状态下的分层流区域也不会立刻转变成沸腾波状流区域,而是随着振动频率或振幅的增大逐渐转变而成,另外两种在起伏式振动状态下所新产生的珠状流与弹状-波状流的形成与沸腾波状流也是相同的道理。

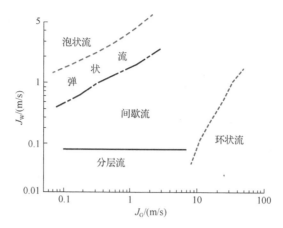

图 5-19　振动频率 2Hz、振幅 5mm 的流型图

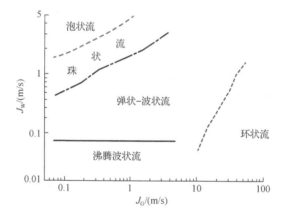

图 5-20　振动频率 5Hz、振幅 5mm 的流型图

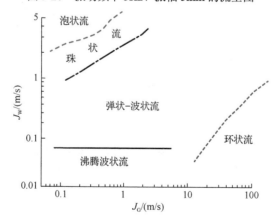

图 5-21　振动频率 8Hz、振幅 10mm 的流型图

5.2　小角度倾斜上升管气液两相流型特性

由于当管道处于振动状态下时，并非绝对水平或者垂直状态，而是会有一定的倾斜角度。本节采用图 3-3（a）所示的气液两相流试验系统对 15° 以下小角度倾斜上升管内气液两相流型特性进行系统研究，控制压力为 0.1~0.15MPa，单相水的体积流量 Q_W 为 0.3~20m³/h，单相气的体积流量 Q_G 为 0.3~100m³/h，振动频率为 2Hz、5Hz 和 8Hz，振幅为 5mm、8mm 和 10mm。定义高频低幅起伏振动下小角度倾斜上升管气液两相流型，研究了倾角及振动工况的变化对流型及其转变界限改变程度的影响规律。

5.2.1　流型的分类及定义

试验段做偏离平衡位置的简谐运动，不同的气相和液相流量下对试验段的中部进行观察和拍摄。通过可视化观察及高速摄影仪拍摄，并结合相关的文献进行对比分析，得出起伏振动状态下倾斜管中的流型主要有珠状流、起伏弹状流、泡状流、环状流和准弹状流，其中珠状流、起伏弹状流为起伏振动条件下发现并重新定义的新流型，具体流型的产生以及主要特征介绍如下。

1. 珠状流

珠状流如图 5-22 所示，其基本特征为气相以珠状或豆状小气泡形式分布在试验管路中部或上部，且由于振动作用，形状时而扁时而圆，有的粘连在一起［图 5-22（a）］，有的以分散的单独气泡存在［图 5-22（b）］。根据摄影仪拍摄时间，图 5-22（a）发生于图 5-22（b）之前。图 5-22 中箭头指向为流动方向。在稳定状态下的倾斜管中，气液流量工况下的气相介质并不是以分散的珠状或者豆状气泡存在，而是呈长泡状流[1]，同时气泡形状也不会有太大变化，因此根据其特点我们将此时的新流型定义为珠状流。

在 J_G=0.1m/s，J_W=0.1m/s 时珠状现象最明显，振动状态下水平管内也出现了珠状流，说明这种流型是起伏振动状态下管内气液两相流的一种必然存在形态。珠状流产生原因是振动导致液相波动剧烈，原本稳定状态工况下以块状形态存在的气相会因此破裂，形成珠状流。振动越剧烈，珠状流在流型图中所占区域越大，比如在本次试验工况范围内，当振幅为 5mm 时，振动频率不小于 7Hz 会出现珠状流；当振幅为 8mm 时，振动频率不小于 6Hz 会出现珠状流；当振幅为 10mm 时，振动频率达到 5Hz 及以上才会出现珠状流。

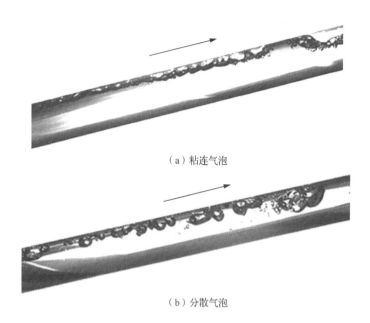

（a）粘连气泡

（b）分散气泡

图 5-22　珠状流（J_G=0.1m/s，J_W=0.1m/s，θ=15°，f=8Hz，A=5mm）

2. 起伏弹状流

起伏弹状流如图 5-23 所示。随着气液流量增加，管道中气柱逐渐增长，当达到一定程度的时候，振动不能够再使气块破裂，我们以此作为区分珠状流和起伏弹状流的标准。起伏弹状流产生的原因是振动导致的液相波动不足以使气块破裂成珠状，此时的气液两相以一种新的状态存在。其基本特征为气柱与液弹间歇流动，气相下端的液层剧烈波动，液层上面漂浮一层细小气泡，在管道运动的过程中来不及下落而悬浮于管道中部，有的粘在管壁上，液弹中裹挟大量细小气泡。由于管道倾斜，附着在管道上的液膜会因重力作用而下滑，当向下滑动的液膜遇到流动的液塞时会因为碰撞而出现大量翻滚的气泡，这对前行的液相会有所阻碍，之后液相在随之而来的气相冲击力推动下继续前行，我们将这时的流型定义为起伏弹状流。

本节所选的几种振动工况下均出现了这种流型。如图 5-23（a）所示，此时气液折算速度分别为 J_W=0.3m/s，J_G=0.7m/s。当气体流量增加的时候，气柱长度以及液面起伏如图 5-23（b）所示，此时 J_W=0.3m/s，J_G=1.0m/s。图 5-23（a）、（b）是两种不同的气相折算速度下的起伏弹状流，对比两图可以看出图 5-23（b）中气柱明显比图 5-23（a）长，但是液面起伏状态相似。

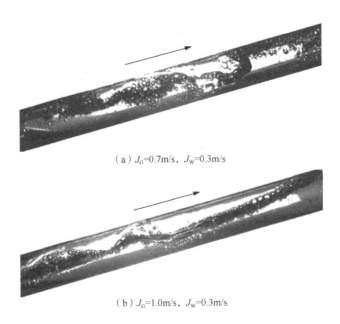

（a）J_G=0.7m/s，J_W=0.3m/s

（b）J_G=1.0m/s，J_W=0.3m/s

图 5-23　起伏弹状流（θ=15°，f=8Hz，A=5mm）

3. 泡状流

本次试验中当 J_G≤0.7m/s，J_W≥2.5m/s 的时候气液两相则是以泡状流的形式存在。其主要特征为液相连续，气相以弥散泡状的形式聚集在管道上方。从试验观察可知起伏振动对泡状流气液两相的存在形态并无影响，基本上和稳定状态条件下的泡状流气液存在形态相同，只是振动情况下会导致气泡层的厚度有所变化。如图 5-24 所示，气相均以弥散泡状形态存在于连续液相中，而图 5-24（b）中气泡层的厚度大于图 5-24（a），是由于振动附加力的作用，导致气泡层厚度有所变化。管道向上运动，管中液相随之向上，压迫气泡层，则气泡层的厚度变窄，反之，气泡层厚度增加。

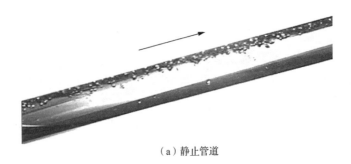

（a）静止管道

图 5-24　泡状流（J_G=0.2m/s，J_W=2.5m/s，θ=15°）

（b）f=8Hz，A=5mm

图 5-24（续）

4. 环状流

当液相流量较低，气相流量较高的时候，液相像一层薄膜分布在管道四周，高速气体从管道中间通过，夹杂携带液丝，液相和气相均为连续相，在倾斜管道中，试验段下部的液膜要比上层的液膜厚。当气相流量较高时，高速气流的冲击作用力远远大于起伏振动产生的作用力，所以此时振动作用对管内环状流几乎没有影响，如图 5-25 所示。

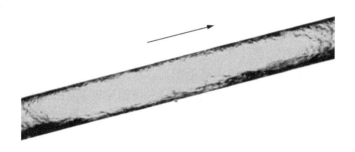

图 5-25　环状流（J_W=0.2m/s，J_G=16m/s，θ=15°，f=8Hz，A=5mm）

5. 准弹状流

准弹状流是起伏弹状流向环状流转变的过程中产生的一种过渡流型，在本次试验中观察到的范围比较广，由于其在流型图中所占区域较大，因此需要单独讨论。准弹状流的形成过程为调节气相流量，当达到弹状流向环状流发展所需最低气相折算速度的时候，液桥坍塌，液体在管道下方匍匐前进，形成翻滚波，当气相折算速度继续增加的时候，高速气流携带液体冲过覆盖整个管道，被冲散的液体随着高度的增加而凝聚，又滑落下来，堵塞管道，阻碍入口段两相流的前行。振动的作用会使得这种现象更加明显。这种流型既不是环状流，也不是起伏弹状流，称为准弹状流，如图 5-26 所示，有的资料里也称为波状流。

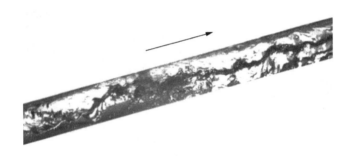

图 5-26　准弹状流（J_G=10m/s，J_W=0.3m/s，θ=15°，f=8Hz，A=5mm）

5.2.2　倾角对倾斜管内气液两相流型的影响

绘制包含起伏振动影响的倾角分别为 5°、10°、15°、25° 时的流型图，如图 5-27 所示。此时振动频率 f=8Hz，振幅 A=5mm，与起伏振动状态下水平管中气液两相流的流型相比较可以发现：

（1）随着倾角增加分层流逐渐消失，倾角为 5° 时还存在小范围的分层波状流，当倾角为 10° 及以上时分层流完全消失。

（2）与水平管相比，倾斜管中起伏弹状流和准弹状流替代了沸腾波状流和弹状–波状流[2]在流型图中占据了很大一部分区域。

分析不同倾角下气液两相流的流型图，并根据记录的流型转变界限进而绘制流型转变界限图，如图 5-28 所示。根据试验分析结果以及流型转变的相关理论可知，倾角的变化对于起伏振动状态下流型的转变界限的影响主要有以下几个方面。

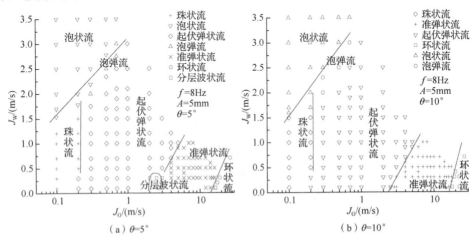

（a）θ=5°　　　　　　　　　　（b）θ=10°

图 5-27　振动状态下倾斜管内的流型图

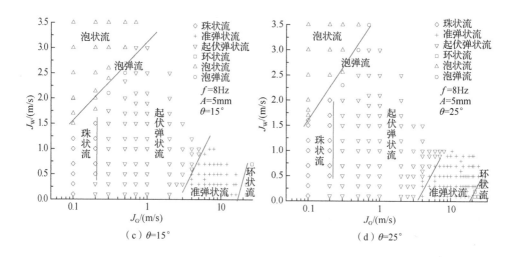

图 5-27（续）

（1）倾角增大时，流型向泡状流的转变界限向上移动。倾角增大，气泡所受到的浮力以及振动附加力在轴向上的分力越来越大，这使得气泡之间碰撞概率越来越大，容易聚合在一起。同时液相在轴向上的压力增加，同样的液相流量提供的湍流作用力减小，因此转换成泡状流需要更大的液相流量。

（2）倾角增大导致振动附加力在径向上的分力越来越小，所以较大的气块不容易破裂成珠状，因此珠状流-起伏弹状流的转换边界会随倾角增加而向左移动，但是这种改变非常有限，由图5-28中可以看到珠状流转换边界几乎没有太大变化。因为振动才是珠状流产生的原因，所以相比较来说，倾角的变化对其影响并不大。

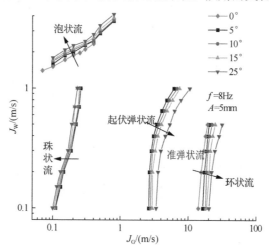

图 5-28 倾角对流型转变界限的影响

（3）随着倾角增大，起伏弹状流向准弹状流的转变界限向右移动。转变为准弹状流时需要足够的气体冲破液桥，使之断裂。倾角增加会使重力以及振动附加力在轴向上的分力增加，液体倒流趋势增强，容易形成液塞堵塞管道，所以需要更大的气相折算速度才能转换为准弹状流。

（4）随着倾角增大，流型向环状流发展的转变界限向右移动。环状流的形成需要足够的气相折算速度才能维持上下液膜的稳定，倾角越大，重力在轴向上的分力越大，这样导致液膜更易聚集，液体越容易倒流。同时振动附加力也会使液膜波动增加，阻碍气流沿着流动方向前进，因此形成稳定发展的环状流所需要的气相折算速度也是相应增加。

（5）整体来看，倾角增大使得流型图中起伏弹状流区域有所扩张，其他流型区域相对减小。

在研究流型转变界限的整体变化之后，再判断哪种流型对倾角变化最敏感，在倾角变化相同，其中一种介质折算速度也相同的情况下，计算出流型转变时候所需另一种介质折算速度的平均变化率 γ，以此作为衡量标准。以泡状流的转变界限为例，假设在倾角 5° 转变处的气液两相折算速度分别为 (x_1, a_1)，(x_2, a_2)，(x_3, a_3)，…，(x_n, a_n)，倾角变为 10° 时所需的气液两相折算速度分别是 (x_1, b_1)，(x_2, b_2)，(x_3, b_3)，…，(x_n, b_n)，那么定义折算速度平均变化率为

$$\gamma = \frac{1}{n} \sum_{i=1}^{n} \left[\frac{|b_1 - a_1|}{a_1} + \frac{|b_2 - a_2|}{a_2} + \cdots + \frac{|b_i - a_i|}{a_i} \right] \times 100\% \qquad (5\text{-}2)$$

以此判断倾角对流型转变界限的影响程度。具体变化率计算结果见表 5-4。

表 5-4　倾角对流型转变界限处折算速度变化率的影响

倾角	泡状流转变界限处液相折算速度平均变化率/%	珠状流转变界限处气相折算速度平均变化率/%	起伏弹状流-准弹状流转变界限处气相折算速度平均变化率/%	环状流转变界限处气相折算速度平均变化率/%
5°～10°	2.80	3.18	7.50	7.55
10°～15°	3.75	3.28	8.55	9.14
15°～25°	5.48	2.14	27.40	16.59

由表 5-4 中的计算数据比较可以得出，在倾角改变相同的情况下，转变界限处折算速度变化率比较小的是泡状流边界处和珠状流边界处，即使在起伏振动试验条件下，倾斜管道中泡状流和珠状流两种流型对倾角的变化并不敏感，而倾角影响最大的就是起伏弹状流和准弹状流。

5.2.3　振动频率对倾斜管内气液两相流型的影响

　　振动频率是起伏振动状态中的一个重要参数，在振幅为 10mm 工况下改变振动频率进行试验，振动频率分别为 2Hz、5Hz、8Hz。根据试验结果绘制出流型转变图，如图 5-29 所示，由此可得出振动频率对流型转变的影响主要有以下几个方面。

　　（1）随着振动频率的增加流型图中珠状流-起伏弹状流转变界限向右移动，当振动频率增加时，振动附加力随之增大，下层液相部分波动增加，那么气块越容易被分裂成较小的珠状，继而形成珠状流。试验过程中，振动频率（f=2Hz）较小时并没有珠状流出现。分析试验结果可知，当气液折算速度较小，振幅为 10mm 时，振动频率达到 5Hz 及以上才会出现珠状流，所以此流型图中仅有 5Hz 和 8Hz 情况下出现了珠状流。

　　（2）随着振动频率的增加，流型向泡状流发展时的转变界限向上移动。液相流量较大时，振动附加力使气块分裂的作用不明显，反而会使气泡之间碰撞概率增加，气泡容易聚合，此时转变为泡状流依靠的是液相高流速的湍流作用，所以当振动频率增加时需要更大的液相流量来提供较大的湍动力，进而使管内流型发展为泡状流。

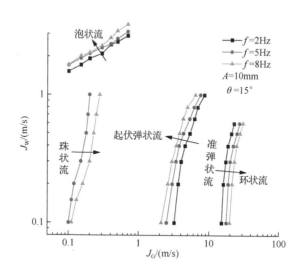

图 5-29　振动频率对流型转变界限的影响

　　（3）振动频率增加使弹状流向准弹状流发展的转变界限向左移动。假设由弹状流发展为准弹状流所需要冲破的液桥宽度是固定的，那么同样的气液流量下，振动频率越高，振动附加力造成的影响越大，从而液相波动也会越剧烈，就会越容易破坏液桥。振动频率的增加会使管道中气液两相的波动程度增加，液桥不容易维持形状，容易坍塌，继而提前发展为准弹状流。

（4）振动频率增加会使准弹状流转化为环状流的界限向右移动，因为高速气流周围的液膜因振动作用而波动增加，破坏了液膜的稳定性，同时液膜波动引起厚度的变化也会使气体在试验管路中受到的阻力增大，所以导致维持环状流流型就需要更大的气相流速。

（5）从整体来看流型图中准弹状流的区域有所扩大，泡状流和环状流以及弹状流的区域减小。

同样，振动频率对几种流型产生的影响通过计算转变界限处气相或液相折算速度变化率来衡量，具体结果见表 5-5。

表 5-5　振动频率对流型转变界限处折算速度变化率的影响

振动频率/Hz	泡状流转变界限处液相折算速度平均变化率/%	珠状流转变界限处气相折算速度平均变化率/%	起伏弹状流-准弹状流转变界限处气相折算速度平均变化率/%	环状流转变界限处气相折算速度平均变化率/%
2～5	8.41		16.29	15.55
5～8	7.33	27.84	14.53	12.59

通过表 5-5 中的数据比较可以看出，与倾角对流型的影响相比，振动频率对三种流型转换的影响均比较明显，而且比倾角对其产生的影响大。由于珠状流是振动情况下产生的新流型，珠状流对振动频率的变化最为敏感，当振动频率由 5Hz 变化到 8Hz 时，其转变界限变化程度最大。

5.2.4　振幅对倾斜管内气液两相流型的影响

试验中另一个比较重要的参数即是振幅，在振动频率为 5Hz 的工况下，改变振幅分别为 5mm、8mm、10mm 和 12mm，进行试验并绘制流型转换图，如图 5-30 所示。分析可得振幅对流型及其转换的影响主要有以下几个方面。

（1）振幅增加，流型向泡状流发展的转变界限向上移动。振幅的增加同样可以增大振动的剧烈程度，高液相流量下，振动附加力对气块分裂作用不明显，反而更易使气泡发生聚合。因此，相同的气相折算速度条件下，需要更大的液相折算速度产生足够的湍动力，从而形成泡状流。

（2）振幅增加，弹状流向准弹状流转变界限向左移动，振幅增大时，振动剧烈程度加大，液体波动加剧，因此液桥容易断裂继而形成准弹状流。形成准弹状流需要的气相折算速度变小。

（3）振幅增加，振动频率不变，即试验段在相同的时间内平均波动速度以及加速度均增加，起伏程度更大，那么管道中的液膜很难附着在管壁上稳定地流动，同时液膜的波动会对高速气流形成阻碍，因此形成稳定发展的环状流需要更高的气相流量。

（4）图 5-30 中在 f=5Hz，A=5mm 和 A=8mm 的条件下并未有珠状流出现，分析振幅 A=10mm 及 A=12mm 工况下的流型转变界限可知，振幅增加导致珠状流转变界限右移，这是因为振幅增加导致振动附加力增大，液相波动增加，气块容易破裂，形成珠状流。

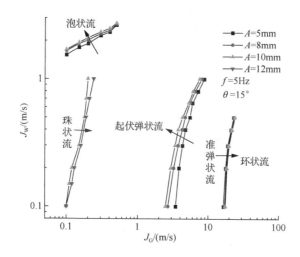

图 5-30　振幅对流型转变界限的影响

（5）从整体上看，珠状流和准弹状流的区域有所增大，泡状流、起伏弹状流以及环状流区域减小。

接下来分析振幅对几种流型之间转变界限影响程度，计算振幅变化前后，流型转变界限处气相或液相折算速度变化率，见表 5-6。

表 5-6　振幅对流型转变界限处折算速度变化率的影响

振幅/mm	泡状流转变界限处液相折算速度平均变化率/%	珠状流转变界限处气相折算速度变化率/%	起伏弹状流-准弹状流转变界限处气相折算速度变化率/%	环状流转变界限处气相折算速度变化率/%
5～8	4.92		12.60	2.57
8～10	2.80		8.11	2.07
10～12		8.52		

从表 5-6 中可以看出，振幅对珠状流以及起伏弹状流的转变影响比较大，而对泡状流与环状流影响比较小，同时与表 5-5 对比可知，振幅对流型的影响明显比振动频率小。由式（3-3）可知，假设当振幅 A 增加 50%时，振动附加力最大值增加 50%；但当振动台的振动频率 f 增加 50%时，振动附加力最大值增加 125%，因此频率对振动附加力的影响更大一些，也即对管道中的流型影响比较大。

5.3　大角度倾斜上升管气液两相流型特性

考虑到核潜艇和船舶在海浪的作用下倾斜角度较大，本节在 5.2 节基础上进一步扩大倾角范围，对大角度倾斜上升管内气液两相流型特性进行研究，定义流型种类，研究试验参数对流型转变界限的影响规律，基于静止管道内流型转变关系式，考虑振动附加力的影响，建立适用于高频低幅振动倾斜上升管气液两相流型转变关系式。试验参数设置见 5-7。

表 5-7　试验参数设置

参数	设定值
气相折算流速	0.1～30m/s
液相折算流速	0.1～3.0m/s
试验管段内径	20mm
试验管段倾斜角度	20°、30°、45°
振动台振动频率	2Hz、5Hz、8Hz
振动台振幅	2mm、5mm、8mm

5.3.1　流型的定义及分类

气液两相流型复杂、多变，不仅与管段材料、尺寸、形状、倾斜角度、热力情况等有关，还受流动工质物化性质的影响。因此，研究人员对流型的描述划分有很多不同的参照标准。本试验采取将高速摄影仪拍取的流型图像信息与混合流动工质压差波动信号的时域波形分析信息相结合的措施，参考相关文献，综合分析混合流动工质的自组织特征，确定流型类别。

参照 Bhagwat 等[3]绘制出的不同倾斜角度下管道内气液两相流的流型图，在间歇性比较显著的起伏弹状流和准弹状流区域内，本章没有详细划分其他流型，如波环流[3]，以免因流型差别不显著对流型的客观辨别产生影响[4]。试验观察到的流型有弥散泡状流、起伏弹状流、准弹状流和液环式环状流，液环式环状流是本试验条件下新发现并定义的流型。

1. 弥散泡状流

气、液相折算流速比值较小时，可观察到弥散泡状流。弥散泡状流的气泡密度的尺寸和分布状况与管道的几何形状、倾角等密切相关[3]。弥散泡状流如图 5-31 所示，气相以气泡的形式弥散地分布在连续的液相中。图 5-31（a）是稳定工况下的弥散泡状流，气泡集中分布在管道顶部且气泡尺寸和气泡分布密度的变化不明显；图 5-31（b）是振动工况下的弥散泡状流，绝大多数气泡分布在管道顶部，部分较大的气泡分布在管道中央轴线附近，且气泡尺寸和气泡分布密度有较为明显的变化。管道作周期性起伏振动，管道内壁压迫气泡做轴向和径向运动，增大气泡间的挤压作用力，使相邻气泡更容易破裂融合形成较大尺寸的气泡，这是振动状态下弥散气泡尺寸相对较大且部分尺寸较大的气泡倾向管道中央轴线处分布的重要影响因素。

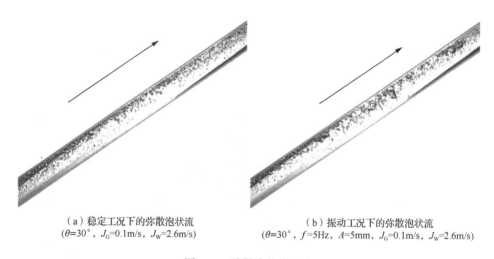

（a）稳定工况下的弥散泡状流
（θ=30°，J_G=0.1m/s，J_W=2.6m/s）

（b）振动工况下的弥散泡状流
（θ=30°，f=5Hz，A=5mm，J_G=0.1m/s，J_W=2.6m/s）

图 5-31　弥散泡状流对比

2. 起伏弹状流

在气、液相折算流速比值约等于 1 时，可观察到起伏弹状流。如图 5-32 所示，很少一部分气相仍以弥散形式分布，且集中分布在气弹尾部，这是由于管道倾角的影响；另一部分以长条状的气弹形式存在，气弹形式不规则，呈柳叶状。周云龙等对起伏弹状流的形成机理、基本特征及流动特点进行了详细描述和分析[5-6]。由于起伏振动的影响，与图 5-32（a）相比，图 5-32（b）中气泡较大、形状较为细长且气泡中有明显的液相波峰存在。

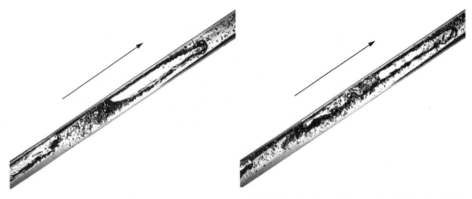

　（a）θ=30°，J_G=0.6m/s，J_W=1.2m/s　　　（b）θ=30°，f=5Hz，A=5mm，J_G=0.6m/s，J_W=1.2m/s

图 5-32　起伏弹状流对比

3. 准弹状流

在中等气相、液相流速比值时[3]，可观测到准弹状流，如图 5-33 所示。准弹状流位于起伏弹状流向液环式环状流转变的过渡区域，在相当大的气液两相流量变化范围内存在[7]。准弹状流具有混沌、脉动和相位不确定等的特性。如图 5-33（a）所示，稳定工况下准弹状流的形成主要受气、液相折算流速比值的影响，液相波峰较为单一且不显著，气液分界面处含有大量的弥散气泡；如图 5-33（b）所示振动工况下的准弹状流，有多个明显的不规则连续液相波峰，气液分界面处弥散气泡含量较少。

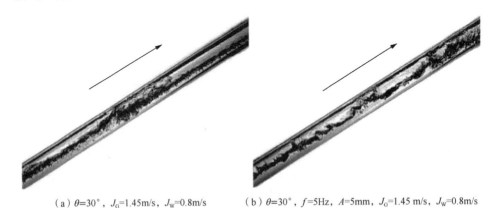

　（a）θ=30°，J_G=1.45m/s，J_W=0.8m/s　　　（b）θ=30°，f=5Hz，A=5mm，J_G=1.45 m/s，J_W=0.8m/s

图 5-33　准弹状流对比

4. 液环式环状流

液环式环状流是试验新发现、定义的一种流型，气、液相折算流速比值为42.5～46.3 时，可观测到该流型。如图 5-34 所示，液环式环状流的主要特点是气相在管道中央轴线附近高速流动，液相分为紧贴壁面的薄层流动和紧贴壁面明显的液环流动。在试验中，当液相流速较小时，可以观察到明显的液相滞后流动的现象，液膜和液环处有尖峰状不规则液相产生。在流型图谱中液环式环状流占据了环状流的分布区域，具有高流速和间歇特性。如图 5-34（a）和图 5-34（b）所示的稳定和振动工况下的液环式环状流，由于气、液相折算流速比值很大，管道倾角和起伏振动参数对液环式环状流流型的影响不明显，因此气、液相流速比值是液环式环状流的主要影响因素。与环状流相比，间歇产生的液环和液环间存在的液斑是液环式环状流的重要差异性特征。

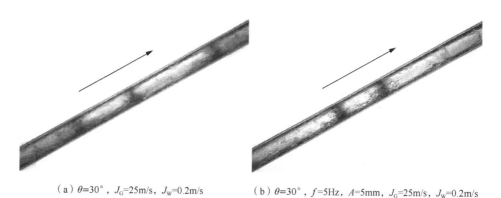

（a）θ=30°，J_G=25m/s，J_W=0.2m/s　　　　（b）θ=30°，f=5Hz，A=5mm，J_G=25m/s，J_W=0.2m/s

图 5-34　液环式环状流对比

5.3.2　液环式环状流流型特征影响因素分析

液环式环状流是试验新观测到的流动形式，与现有文献中介绍的已发现的气液两相流型特征有明显区别。如图 5-34 所示，由于气相流速较大，在液环式环状流紧贴管道内壁面流动的连续液相中有一连串与周围液相厚度有明显差别的液环，液环随分布在管道中轴及其周围的气相高速流动。研究液环式环状流随混合工质流动参数、管段倾斜角度和振动装置振动参数的变化具有重要现实意义。

1. 气相折算流速

试验研究气相折算流速对液环式环状流流型特征的影响，采用控制变量法，设定气相折算流速变化梯度，对比分析管内混合工质流动特征差异。试验参数设置见表 5-8。

表 5-8　试验参数设置

参数	设定值
试验管段倾斜角度	25°
振幅	5mm
振动频率	5Hz
液相折算流速	0.2m/s
气相折算流速	23m/s、24m/s、25m/s

分析图 5-35 可以发现，图 5-35（a）中管段内壁面液相能完整成环且成环数量较多，相邻液环间间距较小，液环厚度和宽度能较为明显地展现，由于管段倾斜和振动液环形状不规则，呈现上方液环厚度和宽度相对较小，下方则相对较大的状态，另外液膜中散布有液斑。图 5-35（b）中管段内壁面液相能完整成环且成环数量相对较少，相邻液环间间距变大，液环厚度和宽度仍能明显展现，液环规则性增强，液环呈现出上方和下方差异不甚显著的状态，液膜中散布有少量液斑。图 5-35（c）中管段内壁面液相能完整成环且成环数量进一步减少，相邻液环间距更进一步变大，液环规则性也进一步增强，液环上方和下方差异不显著，此外液环与液膜间的差异不甚明显，液膜中液斑不明显。综合分析表明，气相折算流速对液环式环状流有明显影响，当气相折算流速增大时液相成环的数量减少、质量降低，液膜中散布的液斑逐渐减少，不利于液斑形成，液环间间距增大，液环的上、下方差异性以及其与两侧的液膜的差异性减弱。

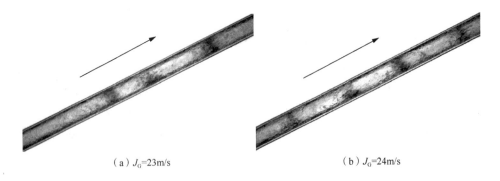

（a）J_G=23m/s　　　　　　　　　　　（b）J_G=24m/s

图 5-35　气相流速对液环式环状流流型特征影响

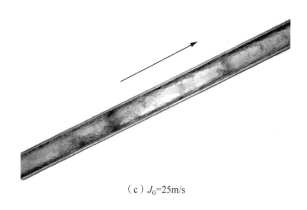

（c）J_G=25m/s

图 5-35（续）

2. 液相折算速度

试验研究液相折算速度对液环式环状流流型特征的影响，采用控制变量法，设定液相折算流速变化梯度，对比分析管内混合工质流动特征差异。试验参数设置见表 5-9。

表 5-9　试验参数设置

参数	设定值
试验管段倾斜角度	20°
振幅	5mm
振动频率	5Hz
气相折算流速	25m/s
液相折算流速	0.2m/s、0.4m/s、0.6m/s

分析图 5-36 可以发现，图（a）中管段内壁面液相能完整成环但成环数量少，液环形状小而薄且规则性强，液环间间距大，液环与液膜之间液体含量相差不甚明显，液膜中液斑数量少、体形小，形状规则；图（b）中管段内壁面液相能完整成环且成环数量多，液环形状大而厚且上、下方之间呈现出明显的差异，液环间距有明显变化，液环与液膜之间液体含量有明显差别，液膜变厚模糊，管段下内壁面液膜中液斑明显、数量多且有连续的趋向；图（c）中管段内壁面液相能完整成环且成环数量增多，液环形状大而厚且上、下方之间呈现出明显的差异，液环间距小，液环与液膜之间液体含量差异不明显，液膜中液斑大且分布显著。整体分析可知，液相折算流速对液环式环状流有明显影响，当液体流速增大时，液环的数量、厚度和宽度均增大，液环间距逐渐减小，液环与液膜之间液体含量的差异逐渐变小，液膜厚度逐渐增大，液膜中液斑形状更加显著，数量增加并有连续的趋向。

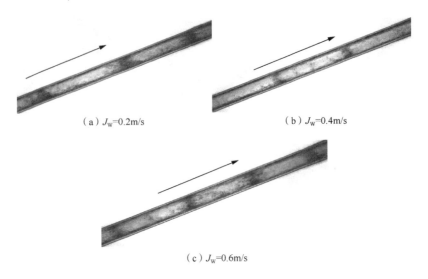

（a）J_{w}=0.2m/s　　　　　　　（b）J_{w}=0.4m/s

（c）J_{w}=0.6m/s

图 5-36　液相流速对液环式环状流流型特征影响

3. 管段倾角

采用控制变量法试验研究管段倾斜角度对液环式环状流流型特征的影响，通过调整支架两端的高度达到调整试验管段倾斜角度的目的。试验参数设置见表 5-10。

表 5-10　试验参数设置

参数	设定值
试验管段倾斜角度	0°、10°、20°、30°
振幅	5mm
振动频率	5Hz
气相折算流速	25m/s
液相折算流速	0.2m/s

分析图 5-37 可以发现，图（a）中管段内壁面液相不易成环且成环形状不完整，较为完整的液环数量少，液环上、下方形状有明显差别，液环与两侧邻近液膜区别明显，液膜中液斑分布不明显；图（b）中管段内壁面液相不易成环且成环形状不完整，较为完整的液环数量少，液环上、下方形状差别不明显，液环与两侧邻近液膜之间液体含量有明显差别，液膜中有明显的液斑存在；图（c）中管段内壁面液相能完整成环且成环数量多，能观察到相邻两个完整的液环，液环与液膜之间液相含量有明显差异，液膜中存在有明显的液斑；图（d）中管段内壁面液相能完整成环且成环数量多，液环上、下方形状有明显差异，观察到的相邻两个液环的间距小，液环与两侧的液环能明显区分，液膜中液斑分布显著、密集度高。

综合分析图 5-37 的特征可以发现，试验管段的倾斜角度增大对液环式环状流有明显的影响，当倾斜角度增大时，液相更易成环且成环数量逐渐增加，可观察到的相邻两个液环的间距逐渐减小，液环与液膜之间液体含量的差异性逐渐减弱，液膜有变厚的趋势，并且液膜中液斑形状逐渐明显、分布逐渐密集度有显著提升。

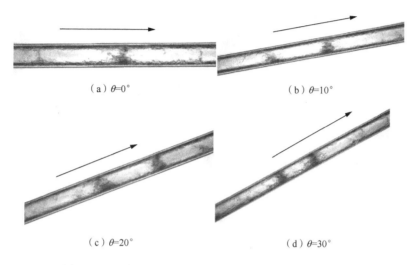

　　（a）$\theta=0°$　　　　　　　　　　　　　　　　（b）$\theta=10°$

　　（c）$\theta=20°$　　　　　　　　　　　　　　　　（d）$\theta=30°$

图 5-37　试验管段倾斜角度对液环式环状流流型特征影响

4. 振幅

试验研究振幅对液环式环状流流型特征的影响，通过在振动台的计算机控制软件上调整振幅实现，试验参数设置见表 5-11。

表 5-11　试验参数设置

参数	设定值
试验管段倾斜角度	25°
振幅	2mm、5mm、8mm
振动频率	5Hz
气相折算流速	25m/s
液相折算流速	0.2m/s

对比分析图 5-38 可以发现，不同振幅下液环式环状流的特征差异不明显，管段内壁面液相均能完整成环且成环数量较少，液环形状小而薄，液环上、下方特征差异不明显，两个相邻成环的液环间间距大且差异性不显著，液环与其周边两侧液膜间液相含量差异明显，液膜中均含有少量液斑。综合分析表明，相对于混合工质的流动参数和试验管段倾斜角度，起伏式振幅的变化对液环式环状流影响

不甚显著，这是因为混合工质高速流动削弱了起伏式振幅变化引起的流型特征变化的趋势。

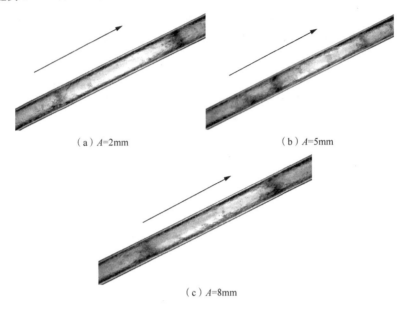

（a）A=2mm   （b）A=5mm

（c）A=8mm

图 5-38　起伏振幅对液环式环状流流型特征影响

5. 振动频率

试验研究振动频率对液环式环状流流型特征的影响，通过在振动台的计算机控制软件上调整振动频率实现，试验参数设置见表 5-12。

表 5-12　试验参数设置

参数	设定值
试验管段倾斜角度	25°
振幅	5mm
振动频率	2Hz、5Hz、8Hz
气相折算流速	25m/s
液相折算流速	0.2m/s

对比分析图 5-39 可以发现，不同振动频率下液环式环状流的特征差异不明显，管段内壁面液相均能完整成环且成环数量较少，液环形状小而薄，液环上、下方特征差异不明显，两个相邻成环的液环间间距大，液环与其周边两侧液膜间液相含量差异明显，液膜中均含有少量液斑。综合分析表明，相对于混合工质的流动参数和试验管段倾斜角度，起伏式振动频率的变化对液环式环状流影响不甚显著，

这是因为混合工质高速流动削弱了起伏式振动频率变化引起的流型特征变化的趋势。

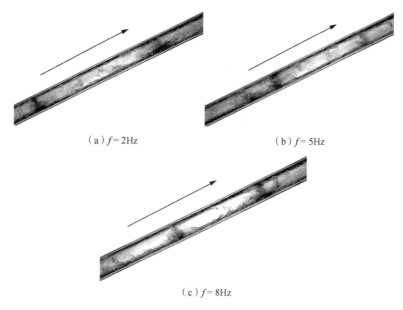

（a）f = 2Hz　　　　　　　　　（b）f = 5Hz

（c）f = 8Hz

图 5-39　起伏振动频率对液环式环状流流型特征影响

本节在试验研究的基础上，分析混合工质流动参数、管段倾斜角度以及起伏式振动参数对液环式环状流流型特征的影响，从液环式环状流成环质量、数量、相邻环间距、液环与液膜之间的差异和液膜中含有的液斑的特征等方面，论述不同条件下液环式环状流的特征变化趋势。整体来看，混合工质流动参数和管段倾斜角度对液环式环状流的流型特征的演变有较大影响，相对而言起伏式振动参数对液环式环状流的流型特征演变影响较小，可以忽略。气液流速比增大时，混合流动工质更倾向于分相流动；管段倾斜角度增大时，混合流动工质的分相流动的趋势减弱；由于在较大气液流速比的条件下才能观察到液环式环状流，起伏式振动的振动附加力不足以破坏混合流动工质分相流动的整体趋势。

5.3.3　试验参数对流型转变界限的影响分析

试验研究在管段倾斜角度和振动参数不同组合条件下，均能观测到流型特征稳定明显的弥散泡状流、起伏弹状流、准弹状流和液环式环状流四种流型，不同的组合条件仅影响流型转变界限的分布情况，如图 5-40 所示的流型图，相关试验参数见表 5-13。

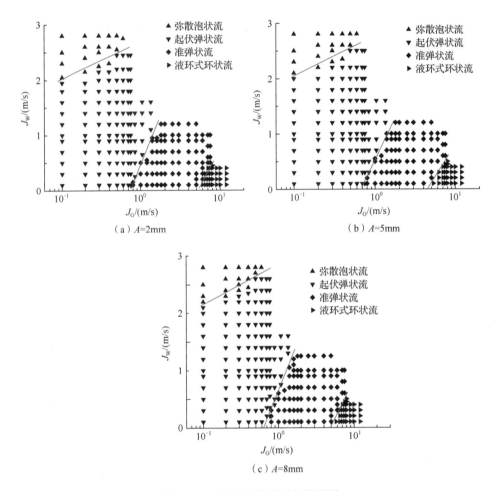

图 5-40　不同振幅条件下的流型图

表 5-13　试验参数设置

参数	设定值
试验管段倾斜角度	30°
振幅	2mm、5mm、8mm
振动频率	5Hz

整体来看，起伏弹状流和准弹状流占据了流型图的较大区域，弥散泡状流和液环式环状流分布区域相对较小。液相占混合流动工质的主体，气相以弥散的泡状形态分布在试验管段上内壁面和液相之间，这是弥散泡状流的典型流型特征。形成弥散泡状流的气、液折算流速比相对比较小，弥散泡状流主要分布于流型图谱的左上部分区域。液环式环状流的流型特征是液相以相对比较薄的、有部分液

斑存在的液膜和一系列明显的间断分布的液环形式紧贴管段内壁面流动，气相在管段中央轴线及其周边作柱状流动。在气、液相折算流速比值大于 42.5 时，能观测到流型特征稳定明显的液环式环状流，因此液环式环状流主要分布于流型图谱的右下部分区域。与弥散泡状流和液环式环状流相比，起伏弹状流和准弹状流是流动状态更为复杂的两类流型，主要分析高速摄影仪获取的流型图像中液相波峰的相对位置分布，区分起伏弹状流和准弹状流不同的流型特征。

1. 振动频率

试验研究振动频率对流型转变界限的影响，相关试验参数设置和转变界限变化图如表 5-14、图 5-41 和表 5-15 所示。

表 5-14　试验参数设置

参数	设定值
试验管段倾斜角度	30°
振幅	5mm
振动频率	2Hz、5Hz、8Hz

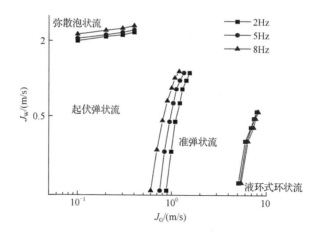

图 5-41　振动频率对转变界限的影响

表 5-15　频率对转变界限折算速度变化率的影响

振动频率/Hz	弥散泡状流-起伏弹状流转变界限液相折算速度变化率/%	起伏弹状流-准弹状流转变界限气相折算速度变化率/%	准弹状流-液环式环状流转变界限气相折算速度变化率/%
2~5	7.93	12.83	6.19
5~8	9.44	15.30	5.95

2. 振幅

试验研究振幅对流型转变界限的影响，相关试验参数设置、振幅对转变界限的影响、振幅对转变界限折算速度变化率的影响，如表 5-16、图 5-42 和表 5-17 所示。

表 5-16　试验参数设置

参数	设定值
试验管段倾斜角度	30°
振幅	2mm、5mm、8mm
振动频率	5Hz

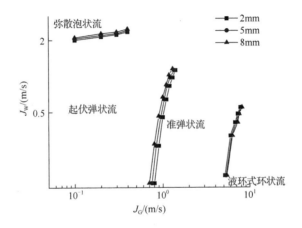

图 5-42　振幅对界限的影响

表 5-17　振幅对转变界限折算速度变化率的影响

振幅/mm	泡状流-起伏弹状流转变界限液相折算速度变化率/%	起伏弹状流-准弹状流转变界限气相折算速度变化率/%	准弹状流-液环式环状流转变界限气相速度变化率/%
2～5	6.77	8.86	5.45
5～8	6.36	9.19	5.32

3. 管段倾角

试验研究管段倾角对流型转变界限的影响，相关参数设置和转变界限变化图如表 5-18、图 5-43 和表 5-19 所示。

表5-18 试验参数设置

参数	设定值
试验管段倾斜角度	20°、30°、45°
振幅	5mm
振动频率	5Hz

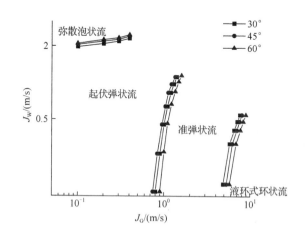

图 5-43 管段倾角对界限的影响

表5-19 倾角对转变界限折算速度变化率的影响

倾角	泡状流-起伏弹状流转变界限液相折算速度变化率/%	起伏弹状流-准弹状流转变界限气相折算速度变化率/%	准弹状流-液环式环状流转变界限气相折算速度变化率/%
20°~30°	7.13	8.67	9.71
30°~45°	6.23	10.71	10.04

本节试验采集流型图像绘制流型图，研究振动参数和管段倾角对流型转变界限分布的影响。研究结果表明，振动频率变化对气泡在液相中位置分布和液柱的成形影响较大，因此弥散泡状流-起伏弹状流和起伏弹状流-准弹状流转变界限受振动频率变化的影响较大；液环式环状流的气、液折算流速比较大，振动参数影响有限，管段倾角是准弹状流-液环式环状流转变界限变化的主要影响因素。

5.3.4 气液两相流型转变机理分析

确定气液两相流各个流型之间的转变界限，最常用的方法是试验采集流型图像和压差波动信号分析流型特征差异，再确定流型转变界限。此外，研究人员在试验法确定流型转变界限的基础上，分析流型的转变机理，对转变界限进行数学描述，导出流型转变界限准则关系式。本章研究起伏振动下倾斜圆管内气液两相流型转变界限。

1. 弥散泡状流-起伏弹状流

在弥散泡状流-起伏弹状流转变的过程中，大量弥散分布的气泡碰撞、破裂、融合形成较大的长条状气弹，且由于管道倾角和起伏振动的存在，气相的存在形式会发生较大变化，流型转变前后气泡的宏观尺度也有较明显的变化。荆建刚等[1]和谢添舟等[8]先后对稳定条件下倾斜管内弥散泡状流-弹状流转变机理进行了详细分析，谢添舟等[8]同时指出气泡所受径向浮力、表面张力和湍流力是决定流型转变的关键因素。基于荆建刚等[1]和谢添舟等[8]有关稳定条件下倾斜管道内弥散泡状流-弹状流转变机理的研究，本书对起伏振动下倾斜圆管内弥散泡状流-起伏弹状流转变机理进行分析。

气泡受到的湍流力使气弹破裂分散形成小气泡，湍流力计算方法如下：

$$F_{gt} = \frac{\pi D_{sg}^2}{16} \rho_W \lambda_W J_W \tag{5-3}$$

式中：F_{gt} 为湍流力，N；D_{sg} 为气泡直径，m；ρ_W 为液相密度，kg/m³；λ_W 为液相摩擦系数，计算式[8]如下：

$$\lambda_W = \begin{cases} \dfrac{16}{Re_W} & Re_W < 2320 \\[2mm] \dfrac{0.0791}{Re_W^{0.25}} & 3000 < Re_W < 10^5 \end{cases} \tag{5-4}$$

式中：Re_W 为液相雷诺数，计算式如下：

$$Re_W = \frac{\rho_W D v_W}{\mu_W} \tag{5-5}$$

式中：v_W 为液相流速，m/s；μ_W 为液相动力黏度，Pa·s。

气泡所受浮力在管道径向上的分力为

$$F_{sg} = \frac{\pi D_{sg}^2}{6} (\rho_W - \rho_G) g \cos\theta \tag{5-6}$$

式中：F_{sg} 为浮力的管道径向分力，N；ρ_G 为气相密度，kg/m³。

气泡所受起伏振动附加力在管道径向上的分力为

$$F_{sgf} = \frac{\pi D_{sg}^2}{6} a \rho_G g \cos\theta \tag{5-7}$$

式中：F_{sgf} 为振动附加力的管道径向分力，N；a 为起伏振动加速度，m/s^2。

当 $F_{sg} + F_{sgf} \geqslant F_{gt}$ 时，弥散的气泡开始碰撞、破裂、融合形成起伏弹状流，则有

$$D_{sg} \geqslant \frac{3\rho_W \lambda_W J_W^{\,2}}{8\left[(\rho_W - \rho_G)g\cos\theta + a\rho_G g\cos\theta\right]} \tag{5-8}$$

Barnea[9]提出了一个在临界状态下单个气泡直径的计算公式：

$$D_{sg} = \left(0.725 + 4.15\alpha^{0.5}\right)\left(\frac{\sigma}{\rho_W}\right)\left(\frac{2\mu_W}{D}\right)^{-2.5} J_W^{-1.2} \tag{5-9}$$

式中：α 为含气率；σ 为表面张力，N/m。

联立式（5-8）、式（5-9）可得起伏振动下弥散泡状流-起伏弹状流转变关系式：

$$\frac{3\rho_W \mu_W^{\,3.5} J_W^{\,3.2}}{\sqrt{2}\left[(\rho_W - \rho_G)g\cos\theta + a\rho_G\cos\theta\right]} = \left(0.725 + 4.15\alpha^{0.5}\right)\left(\frac{\sigma}{\rho_W}\right)^{0.6} D^{2.5} \tag{5-10}$$

式（5-10）适用范围为：试验管段倾斜角度为 20°、30° 和 45°，起伏式振动频率为 2Hz、5Hz 和 8Hz，振幅为 2mm、5mm 和 8mm。

根据式（5-10）计算的弥散泡状流-起伏弹状流转变界限与采用荆建刚等[1]关系式的计算值及试验值相比较，结果如图 5-44 所示。由图 5-44 可见，两种计算方法的计算值均比试验值偏大，但修正关系式所得计算结果与试验值符合更好。

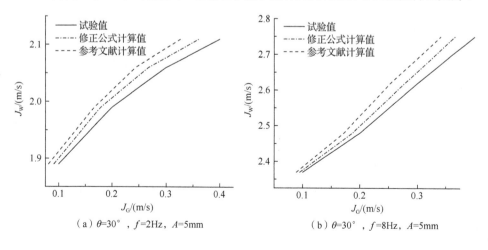

图 5-44　弥散泡状流-起伏弹状流转变界限试验值与两种计算方法结果的对比

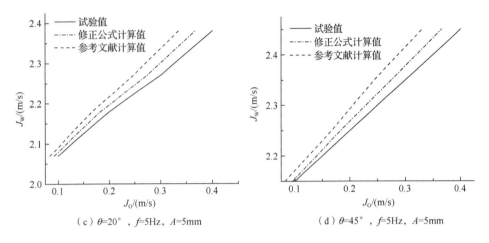

（c）θ=20°，f=5Hz，A=5mm　　　　　　（d）θ=45°，f=5Hz，A=5mm

图 5-44（续）

2. 准弹状流-液环式环状流

在准弹状流-液环式环状流转变区域，当气、液相折算流速比值增大时，液相界面的剪切力不断增大，并克服液相自身重力，使液相紧贴管壁流动形成液膜；由于倾角和起伏振动，气、液相界面液膜发生滑移，在剪切力、倾角和起伏振动的综合作用达到动态平衡时形成液环，转变为液环式环状流。

气液流速、倾角、界面剪切力、壁面切应力和起伏振动等对液环式环状流的形成有重要影响，借鉴 Barnea[9] 提出的理想环状流模型，并在曹夏昕等[7] 提出的倾斜管内理想环状流模型的基础上，对起伏振动下液环式环状流的形成进行分析。

理想状态下，忽略液环式环状流液膜和液环厚度差异，简化为理想稳定的环状流，对气、液两相进行力的平衡分析。

对液相

$$-s_{\mathrm{w}}\frac{\mathrm{d}P}{\mathrm{d}z}-\tau_{\mathrm{w}}S_{\mathrm{w}}+\tau_{\mathrm{G}}S_{\mathrm{G}}-\rho_{\mathrm{w}}s_{\mathrm{w}}g\sin\theta+\rho_{\mathrm{w}}s_{\mathrm{w}}a\sin\theta=0 \qquad （5-11）$$

对气相

$$-s_{\mathrm{G}}\frac{\mathrm{d}P}{\mathrm{d}z}-\tau_{\mathrm{G}}S_{\mathrm{G}}-\rho_{\mathrm{G}}s_{\mathrm{G}}g\sin\theta+\rho_{\mathrm{G}}s_{\mathrm{G}}a\sin\theta=0 \qquad （5-12）$$

式中：s_{w}、s_{G} 分别为液相、气相截面面积，m^2；P 为压强，Pa；z 为管道轴向距离，m；τ_{w}、τ_{G} 分别为液相、气相壁面剪切应力，$\mathrm{N/m}^2$；S_{w}、S_{G} 分别为液相、气相湿周，m。

联立式（5-11）、式（5-12）得

$$\tau_{\mathrm{G}}S_{\mathrm{G}}=\frac{s_{\mathrm{G}}}{s_{\mathrm{G}}+s_{\mathrm{w}}}\tau_{\mathrm{w}}S_{\mathrm{w}}+\frac{s_{\mathrm{G}}s_{\mathrm{w}}}{s_{\mathrm{G}}+s_{\mathrm{w}}}(g-a)(\rho_{\mathrm{w}}-\rho_{\mathrm{G}})\sin\theta \qquad （5-13）$$

其中

$$\tau_W = f_W \frac{\rho_W W_W^2}{2}; \quad W_W = \frac{Q_W}{s(1-\alpha)} = \frac{J_W}{1-\alpha} \tag{5-14}$$

式中：f_W 为壁面摩擦系数；W_W 为液相流速，m/s；Q_W 为液相体积流量，m³/s；s 为管道横截面面积，m²。

壁面摩擦系数 f_W 为

$$f_W = C_W \left(\frac{D_W W_W}{\nu_W} \right)^{-n} \tag{5-15}$$

$$s_W = \pi D, s_G = \pi(D-2\delta), \tilde{\delta} = \frac{\delta}{D} \tag{5-16}$$

$$S_W = \pi(D\delta - \delta^2), S_G = \pi \left(\frac{D}{2} - \delta \right)^2 \tag{5-17}$$

式中：C_W 为修正系数；D 为管道直径，m；δ 为液膜厚度，m；ν_W 为液相运动黏度，m²/s；$\tilde{\delta}$ 为无量纲液膜厚度。

由式（5-13）～式（5-17），可得

$$\tau_G = \frac{\rho_W C_W}{2} \left(\frac{D}{\nu_W} \right)^{-n} \left(\frac{D}{1-\alpha} \right)^{2-n} (1-2\tilde{\delta}) + D(g-a)(\tilde{\delta} - \tilde{\delta}^2)(1-2\tilde{\delta})(\rho_W - \rho_G)\sin\theta$$

$$\tag{5-18}$$

式中：n 为指数。

采用 Wallis[10] 计算界面剪切力系数 f_G 的关系式：

$$f_G = C_G(1 + 300\tilde{\delta}) \tag{5-19}$$

式中：f_G 为不存在液膜时的气相摩擦系数，即

$$f_G = C_G \left(\frac{J_G D}{\nu_G} \right)^{-m} \tag{5-20}$$

式中：C_G 为修正系数；ν_G 为气相运动黏度，m²/s；m 为指数。

在气、液两相都处于层流状态时，$C_G = C_W = 16$，$n = m = 1.0$；在湍流状态时，$C_G = C_W = 0.046$，$n = m = 0.2$。

根据曹夏昕等[7]和谢添舟等[8]的研究，气相壁面剪切应力 τ_G 可计算为

$$\tau_G = 0.5 f_i \rho_G \frac{J_G^2}{(1-2\tilde{\delta})^4} \tag{5-21}$$

由式（5-18）、式（5-21）得

$$\rho_W C_W \left(\frac{D}{\nu_W} \right)^{-n} \left(\frac{J_W}{1-\alpha} \right)^{2-n} (1-2\tilde{\delta})D(g-a)(\tilde{\delta} - \tilde{\delta}^2)(1-2\tilde{\delta})(\rho_W - \rho_G)\sin\theta$$

$$= C_G \left(\frac{J_G D}{\nu_G} \right)^{-m} (1+300\tilde{\delta})\rho_G \frac{J_G^2}{(1-2\tilde{\delta})^4} \tag{5-22}$$

式（5-22）适用范围：试验管段倾斜角度为20°、30°和45°，起伏式振动频率为2Hz、5Hz和8Hz，振幅为2mm、5mm和8mm。

根据式（5-22）计算出准弹状流-液环式环状流转变界限，并与曹夏昕等[7]关系式的计算值及试验值相比较，结果如图5-45所示。由图可见，两种计算方法的计算值均比试验值大；修正关系式的计算结果更接近试验值，误差相对更小，且振动频率和倾角越大，修正关系式计算值与试验值的误差越小。

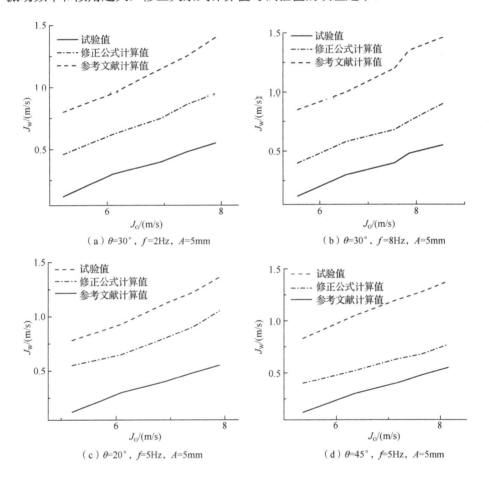

图5-45　准弹状流-液环式环状流转变界限试验值与两种计算方法结果的对比

本节提出的修正关系式是基于理想稳定的环状流模型，液膜光滑、厚度均匀。而液环式环状流既有液膜又有液环，液环形状不严格规则，同时液膜中还含有液斑，且试验中的气液分界面呈不规则的起伏状，管道上、下内壁液相厚度也不同，稳定和振动条件下，气、液相摩擦系数也有差别。因此，试验值与两种计算模型的计算值之间会有不同程度的差异。

5.4 小　　结

本章对高频低幅起伏针对下水平管、小角度倾斜上升管和大角度倾斜上升管内气液两相流型特性进行了系统研究。对于水平管，定义了起伏振动下气液两相流型，绘制了流型图，分析了不同流型下压差波动规律，改变振动频率以及振幅来分析振动对气液两相流型转换的影响。主要结论如下：

（1）利用可视化观察并结合稳定状态条件下的流型特征，将振动状态下整个流动区域的流型分为沸腾波状流、弹状-波状流、泡弹流、珠状流、泡状流和环状流六种流型。

（2）整个流动区域中，振动对气-水流量相对较小的区域影响较大，新流型也是在此区域产生，而气或水流量高的区域，起伏式振动对流型的影响很小，流型也与稳定状态下的流型相似。

（3）改变振动频率与振幅来研究振动对管内两相流流型转变的影响，发现气相折算流速相同时，振动频率或振幅越大，形成稳定发展的泡状流所需的液相流量越高，泡弹流向弹状-波状流的转变所需要的液相流量增大；液相折算流速不变的条件下，振动频率或振幅任一参数的提高都会使环状流的形成所需要的气相折算流速增加。随着振动频率与振幅的提高，整个流型的走势分布会以弹状-波状流为中心向外有不同程度的扩大趋势，通过流速比的分析得到在流型的转变过程中，振动频率或振幅的变化对流型转变的影响基本相同。

对于小角度倾斜上升管，定义了起伏振动下气液两相流型，绘制了流型图，研究了振动频率以及振幅对流型转换的影响规律，主要结论如下：

（1）起伏振动状态下倾斜管中的流型主要有：珠状流、泡状流、起伏弹状流、准弹状流和环状流，其中振动状态下的特有流型为珠状流、起伏弹状流。

（2）从流型图整体上看，倾角的增加使起伏弹状流在流型图中的区域扩张，其他流型区域相对减小。当倾角大于 10° 时，分层波状流消失。流型转变界限处折算速度变化率显示，倾角对起伏弹状流以及准弹状流的影响最大，而对泡状流和珠状流的影响不明显。

（3）振动频率和振幅增加会使得珠状流和准弹状流区域增加，其他流型区域减小。振动频率和振幅对流型转换的影响比较相似，通过计算对比发现三种变化因素（倾角、振动频率、振幅）中，振动频率对流型转变界限变化程度的影响最大，振幅和倾角对其影响基本相同。

对于大角度倾斜上升管，分析弥散泡状流-起伏弹状流和准弹状流-液环式环状流流型界限转变机理，在稳定状态转变机理的基础上引入振动参数，建立考虑振动加速度的关系式。本章建立的流型转变关系式与试验结果吻合相对较好。通过对比分析研究可得出如下结论：

（1）考虑附加振动的影响，建立了适用于起伏振动下弥散泡状流–起伏弹状流和准弹状流–液环式环状流转变关系式。相对于原关系式，修正关系式的计算结果相对误差更小，与试验值符合效果更好。

（2）两种修正关系式的计算结果与试验值均有一定的差别。首先，含气率是影响两种转变关系式预测效果的重要因素，鉴于气液两相流动的不稳定性，试验测得的含气率有一定的误差。此外，对于修正的弥散泡状流–起伏弹状流转变关系式，起伏非线性振动下临界气泡直径的计算模型仍需进一步研究改进；对于修正的准弹状流–液环式环状流转变关系式，则是忽略了液环与液膜的差别及液膜厚度的变化。

参 考 文 献

[1] 荆建刚, 张鸣远, 陈学俊, 等. 倾斜管内气液两相上升流动流型转变的研究[J]. 西安交通大学学报, 1994, 28(5): 143-149.

[2] 周云龙, 赵盘, 杨宁. 振动状态下水平管内气液两相流流型转变的实验研究[J]. 热能动力工程, 2017, 32(6): 17-22.

[3] Bhagwat S M, Ghajar A J. Experimental investigation of non-boiling gas-liquid two phase flow in upward inclined pipes[J]. Experimental Thermal and Fluid Science, 2016, 79: 301-318.

[4] 韩炜. 管道气液两相流动技术研究[D]. 成都: 西南石油学院, 2004.

[5] 周云龙, 李珊珊. 起伏振动状态下倾斜管气液两相流型实验研究[J]. 原子能科学技术, 2018, 52(2): 262-268.

[6] 李珊珊. 起伏振动状态下倾斜管内气液两相流动特性[D]. 吉林: 东北电力大学, 2018.

[7] 曹夏昕, 阎昌琪, 孙立成. 向上倾斜管内气-液两相流流型转变分析[J]. 核科学与工程, 2005, 36(4): 45-49.

[8] 谢添舟, 陈炳德, 徐建军, 等. 竖直和倾斜条件下气-水两相流流型转变研究[J]. 核动力工程, 2015, 36(4): 4-7.

[9] Barnea D. Transition from annular flow and from dispersed bubble flow-unified models for the whole range of pipe inclinations[J]. International Journal of Multiphase Flow, 1986, 12(5): 733-744.

[10] Wallis G B. One-dimensional two-phase flow[M]. New York: Mc Graw-Hill, 1969.

第6章 低频高幅振动状态下气液两相流型特性

对于海浪引起的起伏振动，其振动频率较小，一般在2Hz以内，而振幅较大，达到数米。低频高幅振动和高频低幅振动不同点在于同方向的振动附加力作用时间长，更容易引起气液相界面的改变，使得起伏振动下流型和静止管道相比差异更加明显。本章利用低频高幅振动试验台，对起伏振动状态下垂直和水平管气液两相流型进行可视化研究，定义气液两相流型，获得振动参数对流型转变界限的影响规律，建立适用于起伏振动的垂直和水平管气液两相流型转变关系式。

6.1 垂直上升管气液两相流型特性

低频高幅振动垂直上升管气液两相流型试验基于气液两相流试验系统，将试验段垂直放置于低频高幅振动试验平台上进行试验。振动频率为0.21Hz、0.42Hz、0.7Hz和0.98Hz，振幅为50mm、100mm、150mm和180mm，气相折算速度0.5～25m/s，液相折算速度0.1～2.5m/s，流型覆盖泡状流到环状流所有典型流型，采用高速摄影仪对流动图像进行记录并分类。

6.1.1 流型分类与定义

气液两相流型较为复杂多变，特征参数变化大，并且流型变化受气液两相运行工况影响大。所以，关于气液两相流型的划分有许多不同的参考标准。利用高速摄像机采集到的流型图像与气液两相混合工质压力差值的时域波形信息，对气液两相流型的自组织特性进行了综合分析，从而确定流型种类。

静止状态下竖直上升管内气液两相流型主要有弹状流、搅混流、环状流和泡状流。通过对起伏振动状态下竖直上升管内气液两相流进行可视化观察发现并定义新流型为停滞流。

当气相折算速度较小而液相折算速度较大时管内出现泡状流，如图6-1（a）所示。此时管内液相占主导，呈连续分布，气相在液相的冲击下形成均匀小气泡填充在液相中。对于泡状流，由于气相折算速度大且气相近似不可压，起伏振动对泡状流无明显影响。

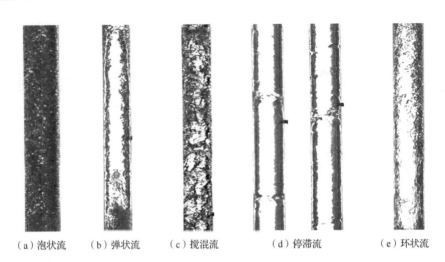

（a）泡状流　　　（b）弹状流　　　（c）搅混流　　　　（d）停滞流　　　　（e）环状流

图 6-1　起伏振动竖直上升管流型

　　如图 6-1（b）所示为弹状流。随着气相折算速度的升高和液相折算速度的降低，液相对气相的冲击作用减弱，气泡在浮力的作用下开始聚合变为气弹，最终形成尺寸接近管道直径的 Taylor 气弹。在起伏振动的影响下，气弹尾部的液相受到重力和周期性振动附加力的作用，出现波动加剧现象，这种液相的波动破坏了气弹尾部的形状。因此，在起伏振动下弹状流的形状表现得不够规则。液膜受到附加惯性力的周期性作用，对气弹产生的波动时而增强时而减弱。当液相折算速度升高到某一值时，弹状流中的气弹破碎，开始向泡状流转变，但由于附加惯性力周期性的作用，气泡不断破碎又重新聚合，在试验段中为弹状流与泡状流交替进行，振动附加惯性力与重力方向相同时，气弹受到液相的阻塞作用增强被不断拉长变形，尾部破碎成弥散小气泡，最终变为泡状流；振动附加力方向改变后，弥散气泡受到液相阻塞作用变小，开始聚合，最终变为弹状流。

　　随着气相折算速度的继续增大，气弹变得更加不规则，气相和液相呈现不稳定混合状态，形成搅混流，如图 6-1（c）所示。由于液相密度大，更容易受到振动附加力的影响，而气相密度小，基本不受振动附加力的影响。在交变附加力的作用下液相运动方向发生变化，而气相一直向上运动，液相对气相运动产生阻碍作用，最终携带气相向下运动。向下运动的气相和向上运动的气相发生碰撞合并为大的气弹。向下流动的液相破坏气弹并和向上流动的液相合并，在关内交替流动。这种复杂的气相和液相流动形成了搅混流。因为试验段的周期运动，所以振动附加惯性力的方向会发生变化，气液两相搅混程度会发生变化。

　　当竖直管内气液两相流在气相折算速度较大，液相折算速度低的情况下，管内气相占主导，液相主要存在于管壁上，形成液膜。在交变振动附加力的作用下，上部的液膜向下运动，和下方向上运动的液膜碰撞，由于此时液相很少，在短时

间内会和管道一起运动，处于动态平衡，呈现出停滞状态，称为停滞流，如图 6-1
（d）所示。停滞流出现在搅混流与环状流之间，但是停滞流的范围较大，因此定
义为起伏振动竖直上升管内出现的新流型。

随着气相折算速度进一步增大，管内液相很少，以液膜形式紧贴壁面。由于
气相速度很大且基本不受起伏振动的影响，因此管内出现经典的环状流，如图 6-1
（e）所示。

6.1.2　试验参数对流型转变界限的影响

1. 管径对流型转变界限的影响

以振动频率 0.7Hz、振幅 150mm 为例，不同管径下的流型转变界限如图 6-2
所示。图中横坐标为气相折算速度 J_G，纵坐标为液相折算速度 J_W，在下列流型转
变界限图中均相同。

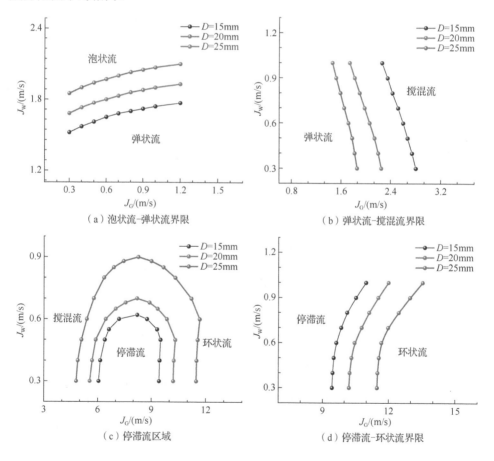

（a）泡状流-弹状流界限　　　　　（b）弹状流-搅混流界限

（c）停滞流区域　　　　　　　　　（d）停滞流-环状流界限

图 6-2　管径对流型转变界限的影响

如图 6-2（a）所示，在相同的气相折算速度下，管径增加使弹状流到泡状流界限上移。参考贾辉等[1]利用无量纲弗劳德数（Fr）的方法表示重力场中气泡受到惯性力与浮力，考虑振动附加加速度，弗劳德数为

$$Fr = u_t \left[(\rho_W - \rho_G / \rho_W) g_{eff} D \right]^{-0.5} \qquad (6\text{-}1)$$

式中：u_t 为气泡上升的最终速度，m/s；g_{eff} 为有效重力加速度，m/s²。

根据式（6-1），管径增大，无量纲弗劳德数减小，气泡所受浮力作用增强，使得气泡更易碰撞聚合，形成泡状流所需要的液相折算速度增加。

由图 6-2（b）可知，随着管径的增大，弹状流向搅混流转变界限向左移动，即相同液相折算速度下，形成搅混流需要的气相折算速度减小。这是因为当管径增大时，管内液相含量更大，更容易受到振动附加力的影响，使得气液相间作用加剧，形成搅混流。

如图 6-2（c）所示，停滞流随着管径增大，停滞流区域随之增大。在起伏振动下液相受到重力、振动附加力、摩擦阻力和相间剪切力的作用，在受力平衡时出现停滞流。随着管径的减小，相间作用力占比增大，使得四力无法平衡，从而造成停滞流区域减小。

如图 6-2（d）所示，随着管径的增大，环状流转变界限右移，搅混流/停滞流转换为环状流需要更大的气相折算速度。这是因为随着管径的增大，相同液相折算速度下管内存在的液相容量更多，受到振动附加力的作用越显著，不利于气相周围的液膜在轴向铺展，并且波动剧烈，使得出现环状流更加困难，需要更大的气相折算速度才能形成环状流。

管径对流型转变界限平均折算速度变化率的影响见表 6-1，可知管径变化对泡状流界限与环状流界限影响程度较小，证明泡状流与环状流对于管径变化不是很敏感，关于管径影响较大的是弹状流-搅混流界限与停滞流界限，其中停滞流界限当管径由 20mm 上升至 25mm 时，折算速度变化率达到 39.62%，其转变界限变化程度最大。

表 6-1　管径对流型转变界限折算速度变化率的影响

管径/mm	液相折算速度平均变化率/%		气相折算速度平均变化率/%	
	泡状流界限	停滞流区域	弹状流-搅混流界限	环状流界限
15～20	9.10	19.63	−21.35	8.98
20～25	9.62	39.62	−16.69	12.07

2. 振动频率对流型转变界限的影响

以管径 25mm、振幅 150mm 为例，不同振动频率下流型转变界限变化趋势如图 6-3 所示。

振动频率增加使弹状流-泡状流界限向上移动，如图 6-3（a）所示。式（6-1）中，g_{eff} 为非惯性坐标系下的重力加速度，包含振动附加加速度，因此得到

$$g_{\text{eff}} = g + a = g + 4\pi^2 f^2 A \sin\left(2\pi ft + \theta\right) \tag{6-2}$$

式中：g 为重力加速度，m/s^2。

根据式（6-2），重力加速度和振动频率成正比，结合式（6-1）知 Fr 和振动频率成反比。因此，随着振动频率的增大，浮力对气泡的作用更加明显，使得气泡聚合变为气弹，形成弹状流。因此，随振动频率增加，形成泡状流的液相折算速度增加。

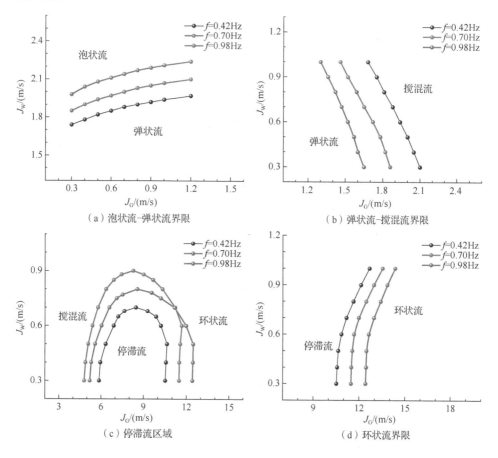

图 6-3　振动频率对流型转变界限的影响

随着振动频率的增大，弹状流向搅混流的转变界限向左移动，弹状流区域变小，如图 6-3（b）所示。这是因为液相受到的振动附加力随振动频率的增大而增大，液相运动加剧，使得气弹更容易受到破坏，弹状流变为搅混流。

停滞流区域和振幅的变化不呈线性关系，而是随着振动频率的增大呈现先增大后减小的规律，如图 6-3（c）所示。一方面，振动频率增大会导致振动附加力增大，在更小的折算速度下就能够达到平衡状态，因此，停滞流区域呈现出增大的趋势；另一方面，振动频率的升高会使振动附加力增大，而当气液两相折算速度不变时，气液界面剪切力、壁面与液相摩擦阻力、液相重力均不变，振动附加惯性力一直增大将破坏四力平衡，停滞现象难以产生，导致停滞区域减小。因此，在试验工况范围内，停滞流区域先增大后减小。试验观察发现，当振动频率为 0.7Hz时，停滞区域最大。

如图 6-3（d）所示振动频率增加使环状流转变界限向右移动，即形成环状流所需的气相折算速度增大原因是随着振动加剧，液膜受到振动的影响更加明显，不容易出现平衡状态，需要更大的气相折算速度才能够平衡振动产生的影响，形成稳定的液膜和气芯。

同样，振动频率对流型转变界限的影响，也通过式（6-2）计算折算速度变化率，见表 6-2。从结果可以看出振动频率的变化对弹状流-搅混流转变界限影响较大，对泡状流和环状流转变界限影响微弱，而随着振动频率的上升，停滞流界限先扩张了 30.15%，后减小了 10.51%。通过与表 6-1 进行对比，发现管径变化的影响较大，产生这种现象的原因是当折算速度不变时，管径增加，导致管道内液相体积流量增大，从而重力和振动附加力都相应增加，而当管径不变时，振动频率的变化只影响振动附加力。

表 6-2　振动频率对流型转变界限折算速度变化率的影响

振动频率/Hz	液相折算速度平均变化率/%		气相折算速度平均变化率/%	
	泡状流界限	停滞流区域	弹状流-搅混流界限	环状流界限
0.42~0.70	6.54	30.15	−13.58	7.19
0.70~0.98	7.09	−10.51	−12.66	7.66

3. 振幅对流型转变界限的影响

以管径 25mm、振动频率 0.7Hz 为例，振幅为 100mm、150mm、180mm 时不同流型的转变界限变化规律如图 6-4 所示。

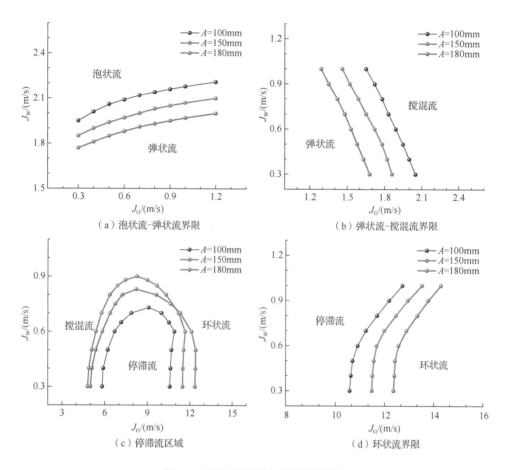

（a）泡状流-弹状流界限   （b）弹状流-搅混流界限

（c）停滞流区域   （d）环状流界限

图 6-4 振幅对流型转变界限的影响

因为振幅和振动频率的增大都使得振动附加力增大，所以振幅对泡状流和环状流的转变界限影响与振动频率一致，即随着振幅增大，弹状流转换为泡状流需要的液相折算速度更大，搅混流/停滞流转换为环状流需要的气相折算速度更大，如图 6-4（a）、（d）所示。

如图 6-4（b）所示，弹状流向搅混流的转变界限随振幅的增大向左移动，即需要的气相折算速度变小。和振动频率变化时的规律类似，振幅增大使振动附加力增大，气液相间作用增强，气弹更容易受到液相的作用而变得不规律，产生搅混流。

随着振幅增加，停滞流区域与振动频率影响规律相同，呈现先向外扩张然后向内收缩的趋势，如图 6-4（c）所示。起伏振动附加力随振幅升高而增大，当其升高至气液界面剪切力、壁面与液相摩擦阻力、液相重力难以与之平衡时，停滞流区域将会收缩。试验观察发现，当振幅为 150mm 时，停滞区域最大。

振幅对流型转变界限气液两相折算速度平均变化率的影响见表 6-3,从而得出振幅改变对环状流、泡状流的影响相对较小,对停滞流界限及弹状流-搅混流界限影响比较明显。将表 6-3 与表 6-2 对比,发现振幅对流型转变界限的影响比振动频率弱一些。

表 6-3　振幅对流型转变界限折算速度变化率的影响

振幅/mm	液相折算速度平均变化率/%		气相折算速度平均变化率/%	
	泡状流界限	停滞流区域	弹状流-搅混流界限	环状流界限
100~150	4.97	20.38	−11.07	6.70
150~180	5.59	−8.69	−10.78	7.16

6.1.3　气液两相流转变机理

现有流型转变准则评价如下。

1) 泡状流

关于弹状流与泡状流之间转换,目前存在不同的模型。在静止管道方面,主要有 Taitel 等[2]、Mishima 等[3]、Mcquillan 等[4]、Barnea 等[5-6]提出的转变机理与转变关系式。处于运动状态下竖直管泡状流的转变机理主要在摇摆条件下,例如 Xie 等[7]根据摇摆状态下气泡受力分析提出的转变关系式。上述界限公式见表 6-4。

表 6-4　泡状流界限公式

模型	界限公式
泰特尔（Taitel）模型[2]	$J_W + J_G = 4\left\{ \dfrac{D^{0.429}(\sigma/\rho_W)^{0.089}}{v_W^{0.072}} \left[\dfrac{g(\rho_W - \rho_G)}{\rho_L} \right]^{0.446} \right\}$
米希马（Mishima）模型[3]	$J_W = \left[\dfrac{3.33}{1.2 - 0.2\sqrt{\rho_G/\rho_W}} - 1 \right] J_G + \dfrac{0.76}{1.2 - 0.2\sqrt{\rho_G/\rho_W}} \left(\dfrac{\sigma g \Delta\rho}{\rho_W^2} \right)^{0.25}$
麦奎兰（Mcquillan）模型[4]	$J_W \geqslant \left(6.8/\rho_W^{0.444}\right) \left[g\sigma(\rho_W - \rho_G)\right]^{0.278} (D/\mu_W)^{0.112}$
巴尔内亚（Barnea）模型[5]	$\left[\sigma/(\rho_W - \rho_G)g\right]^{0.5} \left[\rho_W/\sigma\right]^{0.6} \left[v_W^{0.2}/D^{1.2}\right]^{0.4} J_M^{1.12} = 1.49 + 8.52\left[J_G/J_M\right]^{0.5}$
谢（Xie）模型[7]	$d_{max} = d_{CD}$

利用现有模型对试验中的泡状流转变关系式进行预测,和试验结果的对比如图 6-5 所示。

由图 6-5 可知,表 6-4 中列出的几种泡状流转换关系式对于起伏振动竖直上升管并不适用,其中 Barnea 模型预测的泡状流转变界限趋势和试验结果类似,但是对应的折算速度差别较大，而 Taitel 模型趋势与试验界限趋势存在区别。Mishima 模型与 Mcquillan 模型由于对泡状流的定义不同，理论预测界限在气相折算速度小时误差较大。计算各模型的平均相对误差，见表 6-5，结果表明几种模型的预测误差均在 20%以上，其中 Xie 模型误差最小，为 21.04%。可以看出，现有泡状流转变模型关系式并不适用于起伏振动状态，需要对现有模型进行改进。

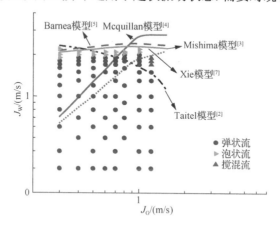

图 6-5　泡状流理论转变界限

表 6-5　理论预测泡状流界限与试验值相对误差

模型	相对误差/%
Taitel 模型[2]	21.23
Mishima 模型[3]	35.02
Mcquillan 模型[4]	22.67
Barnea 模型[5]	29.68
Xie 模型[7]	21.04

2）弹状流向搅混流转变

弹状流向搅混流的转变机理比较复杂，目前主要存在的分为四类，即入口长度影响机理、气泡尾流影响机理、淹没机理和气泡聚合碰撞机理。研究学者根据不同的机理建立了不同的界限公式，见表 6-6。

采用上述关系式对流型转变界限进行计算，并与试验结果对比如图 6-6 所示。

表 6-6　弹状流-搅混流界限公式

模型	界限公式
Taitel 模型[2]	$l_{\mathrm{E}}/D = 40.6\left(J_{\mathrm{M}}/\sqrt{gD} + 0.22\right)$

续表

模型	界限公式
Mishima 模型[3]	$\alpha \geqslant 1 - 0.813\left[\dfrac{(C_0-1)J_M + 0.35\sqrt{\Delta\rho gD/\rho_W}}{J_M + 0.75\sqrt{3\Delta\rho gD/\rho_W}}\right]^{0.75}$
Mcquillan 模型[4]	$\left(J_G^*\right)^{0.5} + \left(J_W^*\right)^{0.5} = 1$
Brauner 模型[8]	$\alpha = \alpha_m = 0.52$
贾扬提（Jayanti）模型[9]	$\left(J_G^*\right)^{0.5} + m\left(J_W^*\right)^{0.5} > 1$
Xie 模型[7]	$0.058\left[d_{CD}\left(2f_m U_m^3/D\right)^{0.4}\left(\rho_W/\sigma\right)^{0.6} - 0.725\right]^2 = 0.52$

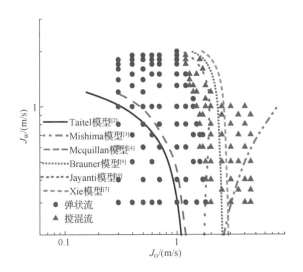

图 6-6　弹状流–搅混流理论转变界限

　　结果表明，Mishima 等[3]提出的关系式和试验值的误差最大，趋势不相同，Jayanti 等[9]提出的模型虽然趋势和试验结果类似，但是数值相差较大，Taitel 等[2]、Mcquillan 等[4]和 Xie 等[7]提出的模型类似，在低液相流速时和试验结果比较吻合，随着液相流速的增大，起伏振动对流型的影响越加明显，预测结果与试验结果的误差增大。各种模型和试验结果的平均相对误差见表 6-7，结果表明上述预测关系式与试验中误差都比较大，均超过 20%，Jayanti 模型[9]的误差最小为 20.21%，更适合预测从弹状流到搅混流的转变界限。

表 6-7　理论预测弹状流–搅混流界限与试验值误差

模型	误差/%
Taitel 模型[2]	46.27
Mishima 模型[3]	57.43
Mcquillan 模型[4]	43.41
Brauner 模型[8]	27.03
Jayanti 模型[9]	20.21
Xie 模型[7]	38.89

3）环状流转变关系式

目前不同学者对环状流的形式机理的认知也不统一。Taitel 等[2]认为形成环状流的原因是气相的高速运动。Mcquillan 等[4]认为 Taitel 假设被夹带的液滴进入气核中会不断加速是错误的，并提出关系式来预测环状流形成。对于摇摆状态，Xie 等[7]考虑摇摆附加力的影响，推导出环状流转变关系式，上述转变公式见表 6-8。

表 6-8　环状流界限预测模型

模型	转变公式
Taitel 模型[2]	$J_G \rho_G^{0.5} / \left[\sigma g \left(\rho_w - \rho_G \right) \right]^{0.25} = 3.2$
Mishima 模型[3]	$J_G = \sqrt{ \left(\Delta \rho g D / \rho_G \right) \left(\alpha - 0.11 \right) }$
Mcquillan 模型[4]	$J_G^* = J_G \rho_G^{0.5} \left[g D \left(\rho_w - \rho_G \right) \right]^{-0.5} \geq 1$
Xie 模型[7]	$\left[g_{eff} \left(\rho_w - \rho_G \right) D \left(\tilde{\delta} - \tilde{\delta}^2 \right) \left(1 - 2 \tilde{\delta} \right) + \lambda_w \dfrac{\rho_w J_w^2}{32} \dfrac{\left(1 - 2 \tilde{\delta} \right)}{\left(\tilde{\delta} - \tilde{\delta}^2 \right)^2} \right] \dfrac{1}{\left(1 - 2 \tilde{\delta} \right)^2 + \left(\tilde{\delta} - \tilde{\delta}^2 \right)}$ $= 0.0025 \left(1 + 300 \tilde{\delta} \right) \rho_G \dfrac{J_G^2}{\left(1 - 2 \tilde{\delta} \right)^4}$

将现有环状流转变关系式预测结果和试验结果进行对比，如图 6-7 所示。结果表明几种预测关系式并不适用于起伏振动竖直上升管环状流的预测，无论是变化趋势还是对应的折算速度都存在较大差别，特别是 Mishima 模型已经远离试验结果。三种关系式的预测误差见表 6-9，其预测误差最低为 Xie 模型，误差为22.12%，说明需要建立适用于低频高幅起伏振动状态下的环状流转变关系式。

表 6-9　理论预测环状流界限与试验值误差

模型	误差/%
Taitel 模型[2]	27.32
Mishima 模型[3]	39.09
Mcquillan 模型[4]	25.48
Xie 模型[7]	22.12

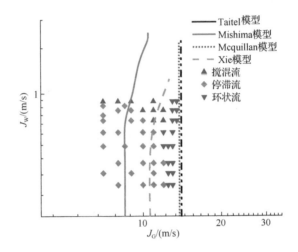

图 6-7　环状流理论转变界限

4）泡状流-弹状流转变关系式建立

对于泡状流和弹状流的转变，认为气泡受到浮力、湍流力和振动附加力的作用，其中浮力和振动附加力的作用使得气泡合并变为气弹，而湍流力的作用使得气弹破碎变为气泡。因此，对竖直管泡状流受力分析如图 6-8 所示。

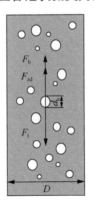

图 6-8　竖直管泡状流受力分析

当浮力和振动附加力的合力与湍流力平衡时，即为泡状流向弹状流转变的临界条件，气泡所受湍流力、浮力和振动附加惯性力可通过式（6-3）～式（6-5）计算。

$$F_t = \frac{\pi d_b^2}{16} \rho_W \lambda_W \left(J_G + J_W \right)^2 \tag{6-3}$$

$$F_b = \frac{\pi d_b^3}{6} \left(\rho_W - \rho_G \right) g \tag{6-4}$$

$$F_{ad} = \frac{\pi d_b^3}{6} \left(\rho_W - \rho_G \right) a^{E_1} \tag{6-5}$$

式中：F_t 为湍流力，N；F_b 为浮力，N；F_{ad} 为振动附加力，N；d_b 为气泡直径，m；λ_W 为液相摩擦系数，计算式如式（6-6）所示；E_1 为数据拟合常数。

$$\lambda_W = \begin{cases} \dfrac{16}{Re_W} & Re_W < 3000 \\[2mm] \dfrac{0.0791}{Re_W^{25}} & 3000 < Re_W < 10^5 \end{cases} \tag{6-6}$$

式中：Re_W 为液相雷诺数，通过式（6-7）计算。

$$Re_W = \left(\rho_W D J_W \right) / \left[\mu_W (1 - \alpha) \right] \tag{6-7}$$

式中：μ_W 为液相动力黏度，Pa·s；α 为截面含气率。

当 $F_b + F_{zd} \leqslant F_t$ 时，湍流力使弹状流气弹破碎转变为泡状流，并维持气泡以离散的形式稳定流动，因此泡状流存在的临界气泡直径为

$$d_{b,\max} \leqslant \frac{3 \rho_W \lambda_W \left(J_G + J_W \right)^2}{8 \left[\left(\rho_W - \rho_G \right) \left(g + a^{E_1} \right) \right]} \tag{6-8}$$

Brauner[10]提出泡状气泡的最大稳定直径可以利用式（6-9）进行计算。

$$d_{b,\max} = 2.22 \left(\frac{\sigma}{\rho_W} \right)^{0.6} \left\{ \frac{\left[\rho_W (1-\alpha) + \rho_G \alpha \right] \lambda_W}{\rho_W (1-\alpha) D} \right\}^{-0.4} \left(\frac{\alpha}{1-\alpha} \right)^{0.6} \left(J_W + J_G \right)^{-1.2} \tag{6-9}$$

式中：σ 为液相表面张力，N/m。

因此，由式（6-8）、式（6-9）可得起伏振动竖直管弹状流-泡状流转变公式

$$2.22 \left(\frac{\sigma}{\rho_W} \right)^{0.6} \left\{ \frac{\left[\rho_W (1-\alpha) + \rho_G \alpha \right] \lambda_W}{\rho_W (1-\alpha) D} \right\}^{-0.4} \left(\frac{\alpha}{1-\alpha} \right)^{0.6} = \frac{3 \rho_W \lambda_W \left(J_W + J_G \right)^{3.2}}{8 \left[\left(\rho_W - \rho_G \right) \left(g + a^{E_1} \right) \right]} \tag{6-10}$$

根据试验数据进行拟合得到 E_1 的关系式为

$$E_1 = 10^{-1.8076} D^{-0.8347} A^{-0.4372} f^{-0.3407} \tag{6-11}$$

　　将试验工况代入式（6-11）计算得出 E_1 的值，再代入式（6-10）计算得到泡状流-弹状流转变界限，并与试验值进行比较，结果如图6-9所示。

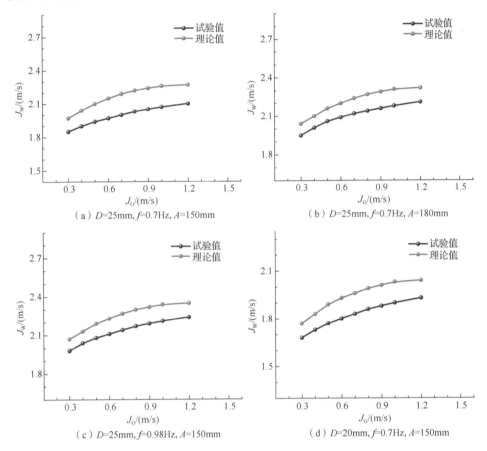

图6-9　弹状流-泡状流转变界限试验值与理论值结果对比

　　可以看出，理论值略大于试验值。此外，在不同管径、振幅和振动频率下具有良好的预测效果。平均相对误差为13.24%，与试验结果吻合较好。

　　5）弹状流-搅混流转变分析

　　根据试验观察，当气体流速上升后，破坏了稳定的液桥，下降的液膜产生流向反转使气弹被破坏，后方的气弹紧随而上使液块不断被破坏产生流向反转，从而形成搅混流。在起伏振动状态下，气液两相受振动所产生的外力场与重力场同时作用。

　　因此，在 Jayanti 淹没机理[9]表达式基础上进行改进并增加振动加速度得到起伏振动状态下弹状流-搅混流转变关系式：

$$J_G^* + kJ_W^* = E_2 \qquad (6\text{-}12)$$

$$J_G^* = J_G \sqrt{\frac{\rho_G}{g_{eff} D(\rho_W - \rho_G)}} \tag{6-13}$$

$$J_W^* = J_W \sqrt{\frac{\rho_W}{g_{eff} D(\rho_W - \rho_G)}} \tag{6-14}$$

式中：J_G^* 为无量纲气相折算速度；J_W^* 为无量纲液相折算速度；k 为常数；E_2 为数据拟合常数，随着管径、振动频率、振幅变化。

通过对起伏振动状态下弹状流-搅混流界限的试验数据进行拟合得到 $k=0.658$，$E = 10^{-1.16} D^{-0.725} f^{-0.276} A^{-0.351}$，最终得到弹状流-搅混流界限预测方程为

$$J_G^* + 0.658 J_W^* = 10^{-1.16} D^{-0.725} f^{-0.276} A^{-0.351} \tag{6-15}$$

根据式（6-15），对起伏振动状态下理论预测界限进行计算，并与试验值进行对比，结果如图 6-10 所示，理论值略大于试验值，相对误差为 9.96%，预测结果与试验结果较符合。

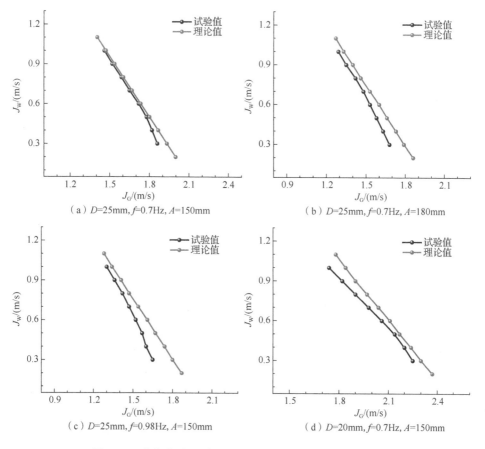

（a）$D=25mm$，$f=0.7Hz$，$A=150mm$　　（b）$D=25mm$，$f=0.7Hz$，$A=180mm$

（c）$D=25mm$，$f=0.98Hz$，$A=150mm$　　（d）$D=20mm$，$f=0.7Hz$，$A=150mm$

图 6-10　弹状流-搅混流转变界限试验值与理论值结果对比

6）搅混流–环状流转变分析

气相高速流动形成环状流时，液膜由于受到气液界面剪切力的作用，克服重力向上运动。在起伏振动状态下，液膜的运动受到气液界面剪切力、壁面摩擦阻力、重力、振动附加惯性力的共同作用，如图 6-11 所示，当作用在液膜上的力达到动态平衡时，形成环状流。因此，需要考虑振动附加惯性力的影响。

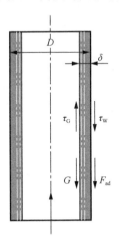

图 6-11　起伏振动环状流受力分析

对理想条件下的环状流，忽略液膜厚度影响，采用分相流模型，分别对气、液两相进行受力分析，列出动量守恒方程 [式（6-16）、式（6-17）]。

液相

$$-s_{\mathrm{W}}\frac{\mathrm{d}P}{\mathrm{d}z}-\tau_{\mathrm{W}}S_{\mathrm{W}}+\tau_{\mathrm{G}}S_{\mathrm{G}}-\rho_{\mathrm{W}}s_{\mathrm{W}}g_{\mathrm{eff}}=0 \tag{6-16}$$

气相

$$-s_{\mathrm{G}}\frac{\mathrm{d}P}{\mathrm{d}z}-\tau_{\mathrm{G}}S_{\mathrm{G}}-\rho_{\mathrm{G}}s_{\mathrm{G}}g_{\mathrm{eff}}=0 \tag{6-17}$$

式中：s_{W}、s_{G} 为液相、气相截面积，m^2；P 为压力，Pa；z 为管道轴向距离，m；τ_{W}、τ_{G} 为壁面切应力、气液界面剪切应力，$\mathrm{N/m}^2$；S_{W}、S_{G} 为液相、气相湿周，m。

将式（6-16）、式（6-17）联立消除压力梯度，得到

$$\tau_{\mathrm{G}}S_{\mathrm{G}}\left(\frac{1}{s_{\mathrm{W}}}+\frac{1}{s_{\mathrm{G}}}\right)-g_{\mathrm{eff}}\left(\rho_{\mathrm{W}}-\rho_{\mathrm{G}}\right)-\tau_{\mathrm{W}}\frac{S_{\mathrm{W}}}{s_{\mathrm{W}}}=0 \tag{6-18}$$

式（6-18）中的相关参数可以由式（6-19）求得

$$\begin{cases} \tilde{\delta}=\delta/D,\ s_{\mathrm{G}}=\pi D^2\left(\tilde{\delta}-\tilde{\delta}^2\right),\ s_{\mathrm{G}}=\dfrac{1}{4}\pi D^2(1-2\tilde{\delta})^2 \\ S_{\mathrm{G}}=\pi D(1-2\tilde{\delta}),\ \alpha=(1-2\tilde{\delta})^2,\ S_{\mathrm{W}}=\pi D \end{cases} \tag{6-19}$$

壁面剪切力与液相折算速度之间的关系为

$$\tau_{\mathrm{W}} = \frac{1}{2} f_{\mathrm{W}} \rho_{\mathrm{W}} \left(\frac{J_{\mathrm{W}}}{1-\alpha} \right)^2 \tag{6-20}$$

式中：f_{W} 为液体-壁面摩擦系数，计算式为

$$f_{\mathrm{W}} = C_{\mathrm{W}} \left[\frac{D_{\mathrm{W}} J_{\mathrm{W}}}{\nu_{\mathrm{W}} (1-\alpha)} \right]^{-m} \tag{6-21}$$

式中：D_{W} 为水力半径，$D_{\mathrm{W}} = 4 s_{\mathrm{W}} / S_{\mathrm{W}}$，m；$C_{\mathrm{W}}$ 为液相摩擦修正系数。

将式（6-19）～式（6-21）代入式（6-18）得

$$\tau_{\mathrm{G}} = \frac{1}{32} C_{\mathrm{W}} \rho_{\mathrm{W}} \left(\frac{D}{\nu_{\mathrm{W}}} \right)^{-m} J_{\mathrm{W}}^{2-m} \frac{1-2\tilde{\delta}}{\left(\tilde{\delta} - \tilde{\delta}^2 \right)^2} + g_{\mathrm{eff}} \left(\rho_{\mathrm{W}} - \rho_{\mathrm{G}} \right) D \left(\tilde{\delta} - \tilde{\delta}^2 \right) (1-2\tilde{\delta}) \tag{6-22}$$

气液界面剪切力与气相折算速度之间的关系为

$$\tau_{\mathrm{G}} = \left(f_{\mathrm{i}} \rho_{\mathrm{G}} J_{\mathrm{G}}^2 \right) / \left[2(1-2\tilde{\delta})^4 \right] \tag{6-23}$$

式中：f_{i} 为气液界面摩擦系数，即

$$f_{\mathrm{i}} = f_{\mathrm{G}} (1 + 300 \tilde{\delta}) ; \quad f_{\mathrm{G}} = C_{\mathrm{G}} \left(J_{\mathrm{G}} D / \nu_{\mathrm{G}} \right)^{-n} \tag{6-24}$$

式中：C_{G} 为气相摩擦修正系数；ν_{G} 为气相运动黏度，m²/s。

联立式（6-22）与式（6-23）整理得

$$\frac{1}{32} C_{\mathrm{W}} \rho_{\mathrm{W}} \left(\frac{D}{\nu_{\mathrm{W}}} \right)^{-m} J_{\mathrm{W}}^{2-m} \frac{1-2\tilde{\delta}}{\left(\tilde{\delta} - \tilde{\delta}^2 \right)^2} + g_{\mathrm{eff}} \left(\rho_{\mathrm{W}} - \rho_{\mathrm{G}} \right) D \left(\tilde{\delta} - \tilde{\delta}^2 \right) (1-2\tilde{\delta})$$

$$= \left(f_{\mathrm{i}} \rho_{\mathrm{G}} J_{\mathrm{G}}^2 \right) / \left[2(1-2\tilde{\delta})^4 \right] \tag{6-25}$$

当与壁面接触的液体向下流动时，会使液膜不稳定，堵塞气芯并形成搅混流。因此，当方程（6-22）中 τ_{G} 的导数为零时，可以得到保持液膜稳定性的最小无量纲液膜厚度，即

$$-\frac{1}{16} C_{\mathrm{W}} \rho_{\mathrm{W}} \left(\frac{D}{\nu_{\mathrm{W}}} \right)^{-n} J_{\mathrm{W}}^{2-n} \left[\frac{\left(\tilde{\delta}_{\min} - \tilde{\delta}_{\min}^2 \right) + \left(1 - 2\tilde{\delta}_{\min} \right)^2}{\left(\tilde{\delta}_{\min} - \tilde{\delta}_{\min}^2 \right)^3} \right]$$

$$+ g_{\mathrm{eff}} \left(\rho_{\mathrm{W}} - \rho_{\mathrm{G}} \right) D \left[\left(1 - 2\tilde{\delta}_{\min} \right)^2 - 2 \left(\tilde{\delta}_{\min} - \tilde{\delta}_{\min}^2 \right) \right] = 0 \tag{6-26}$$

对于给定的 J_w，利用式（6-26）求出维持环状液膜稳定的最小液膜厚度，再代入式（6-25），即可求出转变界限的 J_G。理论值与试验值结果对比如图 6-12 所示。

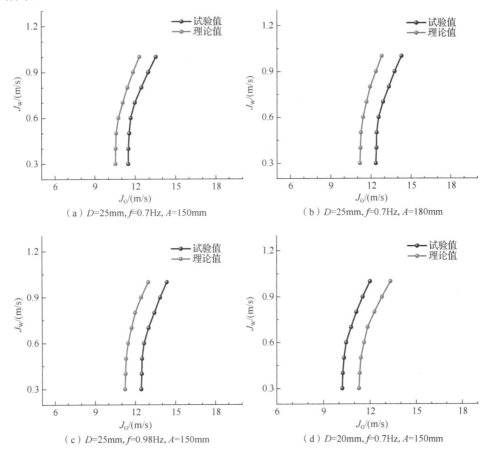

图 6-12　环状流转变界限试验值与理论值结果对比

管径为 25mm 时理论值整体偏小，管径为 15mm 时理论值整体偏大。虽然在预测环状流转变时考虑了振动产生的影响，但由于本节将产生的新流型包括在搅混流中，并未对其进行理论分析，导致了上述现象的产生。理论值与试验值相比整体相对误差为 15.25%，与试验值基本符合。

6.2　水平管气液两相流型特性

低频高幅振动水平管气液两相流型试验基于气液两相流试验系统，将试验段水平放置于低频高幅振动试验平台上进行试验。振动频率为 0.21Hz、0.42Hz、0.7Hz

和 0.98Hz,振幅为 50mm、100mm、150mm 和 180mm,气相折算速度为 0.5～25m/s,液相折算速度为 0.1～2.5m/s,流型覆盖泡状流到环状流所有典型流型,采用高速摄影仪对流动图像进行记录并分类。

6.2.1　流型分类与定义

在不同的振动参数和流动参数条件下,利用高速摄影技术对低频高幅振动水平管内气液两相流型进行记录,并对其进行了分析。试验发现,在重力与低频高幅起伏振动附加惯性力作用下,对于低速流动下的气液两相流动,起伏振动影响较大,而对于高速流动,起伏振动对气液两相流型影响减弱。根据目前公认的水平管流型划分,结合试验观测,将水平管道中气液两相流型分为四种:泡状流、间歇流、分层流和环状流,如图 6-13 所示。

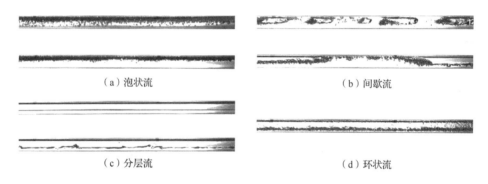

（a）泡状流　　　　　　　　　　　　（b）间歇流

（c）分层流　　　　　　　　　　　　（d）环状流

图 6-13　起伏振动水平管流型

起伏振动状态下的泡状流与管道在静止状态下的泡状流类似,如图 6-13（a）所示。在气相流速低、液相流速高时出现,气相以气泡的形式分散在连续液相中,由于浮力作用,气泡主要集中在管道上方。与静止状态下水平管内泡状流不同,由于起伏振动附加惯性力周期性作用,导致气泡层厚度发生变化。当附加惯性力与重力方向相同时,管中液相在径向方向上受重力与振动附加惯性力共同作用向下挤压管壁,而气泡由于液相挤压与浮力作用聚集在管道上层,导致气泡层变厚,当振动附加惯性力方向改变后,气泡层的厚度减小。

如图 6-13（b）所示为间歇流,当泡状流动中湍流力不足以维持气泡分散时,气泡聚合形成气塞,形成塞状流。当气液两相流速均比较大时,产生弹状流。由于起伏振动附加力的作用,导致弹状流与塞状流交替流动,当附加惯性力与重力方向相同时,液相受重力与附加惯性力的作用,向底部回落,气弹变长,液桥变短,形成弹状流;而当振动附加惯性力方向改变后,液相向上挤压并包裹气弹,最终气弹变成被液相包裹的小气塞,间歇向前流动,形成塞状流。由于振动附加力的周期性作用，很难准确分辨出塞状流与弹状流界限，并且水平管中塞状流与弹状流都具有间歇流动的特点。因此，本书将塞状流与弹状流统称为间歇流。

当气相与液相速度都较低时，出现分层流动。分层流是一种由重力分离效应主导的极端情况，气液两相由于重力作用，气相在管道上方流动，液相在管道底部流动，气液两相界面比较光滑。当气相折算速度进一步增加时，会在分层流气液界面产生扰动波，并沿着流动方向传递，产生波状分层流。本节将光滑分层流与波状分层流统称为分层流，如图 6-13（c）所示。

当气相处于高速运动，而液相流速较低时，气液界面剪切力使液相克服重力至包围整个管道，以连续液膜形式沿管壁流动，从而产生环状流，如图 6-13（d）所示。在水平管道中，由于受重力作用，试验管道底部的液膜比顶部的液膜厚，高速气体在管道中间流动导致液膜界面出现扰动波，同时液膜中的液滴受到扰动后会产生离心力，因此，在液膜中的液滴不能保持静止不动，而会被卷吸进气流中随着气流一起运动。

6.2.2　试验参数对流型转变界限的影响

1. 管径对流型转变界限的影响

根据试验数据，绘制起伏振动状态下管径分别为 15mm、20mm 和 25mm 的流型转变界限，如图 6-14 所示。

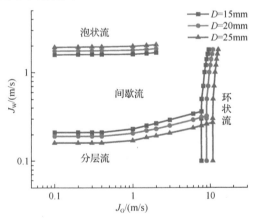

图 6-14　管径对流型转变界限的影响

从试验所获得的流型转变界限和流型转变的相关原理可以看出，在起伏振动条件下，管道直径对流型转变界限的影响主要表现为以下几个方面。

（1）在相同气相折算速度条件下，管径增加，间歇流-泡状流转变界限向上移动。在气液两相的容积流量不变的情况下，随着管道直径的增加，气液两相的折算速度减小，液相湍流力更小，气泡更易聚合。因此，在相同的气相折算速度下，在大直径试验段内形成泡状流所需液相折算速度应比小直径试验段液相换算速度高。

（2）管径增加，分层流-间歇流转变界限向下移动。保持气液两相折算速度不变，管径增大，气液流量将随之增大，造成管内液相波动更剧烈，更易充满管道截面，形成间歇流。在相同气相折算速度条件下，管径增大，形成间歇流所需要的液相折算速度越小。

（3）在相同液相折算速度条件下，管径增加使形成充分发展的环状流需要更高的气相折算速度，在图 6-14 中表现为分层流/间歇流-环状流界限向右移动。管径增加，保持试验管道内出现相同液位高度所需液相流量增大，液膜波动不稳定，难以形成，因此气相需要更高的速度，夹带更多的液滴，才能形成稳定的环状流液膜，从而导致环状流界限向右移动。

利用式（5-2）计算出管径对各流型转变界限折算速度平均变化率的影响，见表 6-10。

表 6-10　管径对流型转变界限的影响

管径/mm	液相折算速度平均变化率/%		气相折算速度平均变化率/%
	泡状流-间歇流	间歇流-分层流	环状流界限
15~20	10.57	11.66	15.52
20~25	10.61	19.14	16.78

由表 6-10 可知，低频高幅起伏振动状态下管径增大对环状流界限与间歇流-分层流界限的影响高于泡状流-间歇流界限。其中间歇流-分层流界限当管径上升至 25mm 时，折算速度变化率达到 19.14%，其转变界限变化程度最大。

2. 振动频率对流型转变界限的影响

振动频率是起伏振动中的重要参数之一。在管径为 25mm，振幅为 150mm，振动频率分别为 0.42Hz、0.7Hz 和 0.98Hz 的工况下进行试验，根据试验结果绘制流型转变界限，如图 6-15 所示。

改变振动频率所引起的气液两相流型变化表现在以下方面。

（1）振动频率增加，间歇流-泡状流转变界限向上移动。

（2）在相同气相折算速度条件下，随着振动频率增加，分层流-间歇流转变界限向下移动，间歇流的流动区域扩大。

（3）随着振动频率增加，在相同的液相折算速度条件下，形成完全发展的环状流所需要的气相折算速度也相应提高。

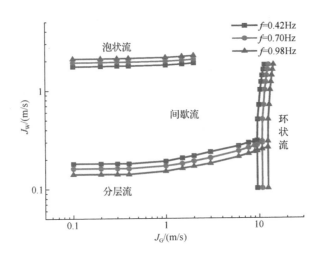

图 6-15　振动频率对流型转变界限的影响

导致这些变化的主要原因是当气液两相流速与振幅不变时，随着振动频率的增大，管道起伏振动更为强烈，试验段轴向所受的振动附加惯性力更大，因而振动产生的加速度也更大。

对于间歇流-泡状流界限，水平管与竖直管不同，水平管内泡状流的产生受重力影响较小，气泡破碎与聚合主要受浮力与液相湍流力影响。由于泡状流产生在液相高流速区，振动附加力对气塞分裂形成泡状流的影响并不显著，而会增加气泡碰撞的概率。随着振动频率增大，振动附加力增大，气泡更容易聚合。因此，当振动频率增大后，需要更高的液相折算速度以提供湍流力，足够维持气泡分裂，从而形成泡状流。

对于分层流向间歇流转变，随着振动频率增加，管道内的气液两相流动波动增大，液相界面波动剧烈，波峰更易持续增长在管道上部产生液体桥接现象，气相更容易被液相夹裹形成气弹与液相交替流动，形成间歇流。

水平管中环状流产生的原因是气相对液相的气液界面剪切力足以克服液相的重力，使液相附着到管壁形成液膜。因此，振动频率增加，高速气流周围的液膜径向波动加大，破坏了液膜的稳定性，并且气流在管道中的流动阻力相应增加，管内需要更高的压力维持环状液膜稳定，阻止液滴回落。管中液相是不可压缩流体，气相则易于压缩，所以需要增大气相流量，提供更高的压力维持液膜稳定。

振动频率变化对各流型转变界限折算速度平均变化率的影响，见表 6-11。

将表 6-11 与表 6-10 对比可知，振动频率对流型转变界限的影响相较于管径影响较弱。

表 6-11　振动频率对流型转变界限的影响

振动频率/Hz	液相折算速度平均变化率/%		气相折算速度平均变化率/%
	泡状流-间歇流	间歇流-分层流	环状流界限
0.42~0.70	9.47	11.28	12.46
0.70~0.98	9.15	12.21	14.54

3. 振幅对流型转变界限的影响

　　起伏振动时，振幅对流型转变也有很大的影响。在管径为 25mm、振动频率为 0.7Hz 的工况下，改变振幅进行试验，振幅分别为 100mm、150mm 和 180mm，根据试验结果绘制流型转变界限图并对流型转变规律进行分析，振幅对流型转变界限的影响如图 6-16 所示。

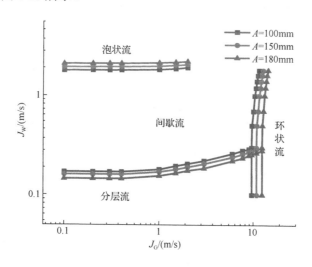

图 6-16　振幅对流型转变界限的影响

　　（1）在相同气相折算速度条件下，振幅增加，间歇流-泡状流转变界限向上移动。当振动频率不变，振幅增加时，意味着试验段将在相同时间内达到更大的位移，增大了振动的剧烈程度，易使气泡碰撞聚合形成间歇流。因此，振幅增加，需要更大的液相速度，提供更强的湍流力以维持泡状流。

　　（2）振幅增加，在气相折算速度相同的条件下，形成间歇流所需的液相折算速度减小。振幅增加，振动的剧烈程度增大，使分层流液面产生更剧烈的扰动波。因此，扰动波的波峰更易在试验段上方管壁产生液桥，形成间歇流。在图 6-16 中表现为分层流-间歇流界限向下移动。

　　（3）对于低频高幅起伏振动，振动频率不变，振幅升高，管道在径向方向的运动更剧烈，使环状液膜波动更剧烈，液膜难以轴向铺展并沿管壁流动。从图 6-16

可以看出，随着振幅升高，环状流向分层流/间歇流转变界限向右移动，形成环状流所需要的气相折算速度增大。

将振幅对流型转变界限气液两相折算速度平均变化率的影响列入表 6-12，从而得出振幅改变对间歇流影响比较明显，当振幅升高时，间歇流与其他流型间的界限都有不同程度增加，将表 6-12 与表 6-11 对比，发现振幅对流型转变界限的影响比振动频率弱一些。

表 6-12　振幅对流型转变界限的影响

振幅/mm	液相折算速度平均变化率/%		气相折算速度平均变化率/%
	泡状流-间歇流	间歇流-分层流	环状流界限
100～150	7.93	6.67	11.68
150～180	8.00	8.69	13.55

6.2.3　气液两相流型转变机理

1. 泡状流-间歇流转变分析

在静止状态下的水平管道，Taitle 等[11]认为形成泡状流的原因是气泡所受湍流力使气泡破碎并保持分散的作用比浮力使气泡聚合的作用强。Weisman 等[12]利用多种管径、工质的试验数据，考虑管径等物性参数和表面张力的影响，将 Taitle 模型关系式改进，得到间歇流-泡状流转变关系式。Barnea[13]在 Taitle 转变机理的基础上提出泡状流形成的另一个原因是湍流力克服表面张力作用将气相分散成气泡。因此，他将临界气泡尺寸与保持分散气泡稳定直径结合得到泡状流转变关系式，对 Taitle 模型转变关系式进行补充。

当管道处于低频高幅起伏振动状态时，泡状流中分散气泡在管道径向方向上受浮力、振动附加惯性力与液相湍流力共同作用，所以本书认为导致泡状流转变的原因依然是气泡破碎聚合机理，泡状流转变界限应建立在三力平衡的基础上。对起伏振动下水平管泡状流气泡受力分析如图 6-17 所示。

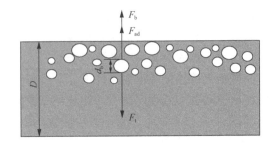

图 6-17　水平管泡状流气泡受力分析

气泡在径向上所受浮力与振动附加惯性力如式（6-27）、式（6-28）所示。

$$F_\mathrm{b} = \frac{\pi d_\mathrm{b}^3}{6}(\rho_\mathrm{W} - \rho_\mathrm{G})g \tag{6-27}$$

$$F_\mathrm{ad} = \frac{\pi d_\mathrm{b}^3}{6}(\rho_\mathrm{W} - \rho_\mathrm{G})a \tag{6-28}$$

因此，气泡径向方向受到总浮力为

$$\sum F_\mathrm{b} = \frac{\pi d_\mathrm{b}^3}{6}(\rho_\mathrm{W} - \rho_\mathrm{G})(g + a) \tag{6-29}$$

气泡受到的湍流力为

$$F_\mathrm{t} = \frac{1}{2}\rho_\mathrm{W}v'^2\frac{\pi d_\mathrm{b}^2}{4} \tag{6-30}$$

式中：v' 为径向速度波动量，m/s，可由摩擦速度进行估算，即

$$v' = v_* = v_\mathrm{W}\left(\frac{\lambda_\mathrm{W}}{2}\right)^{0.5} \tag{6-31}$$

式中：v_* 为摩擦速度，m/s；v_W 为液相流速，m/s。

当 $\sum F_\mathrm{b} \leqslant F_\mathrm{t}$ 时，形成稳定的泡状流，即

$$v_\mathrm{W} \geqslant \left[\frac{8}{3}\frac{\rho_\mathrm{W} - \rho_\mathrm{G}}{\rho_\mathrm{W}}\frac{g + a}{\lambda_\mathrm{W}}d_\mathrm{b}\right]^{0.5} \tag{6-32}$$

根据 Kokal 等[14]可知泡状流气泡稳定直径为

$$\frac{\pi d_\mathrm{b}^3}{6} = 1.378\left(\frac{\pi D^2}{4}J_G\right)^{1.2}g^{-0.6} \tag{6-33}$$

将式（6-33）与式（6-32）联立，且 $v_\mathrm{W}=J_\mathrm{W}/\alpha_\mathrm{W}$，$g = 9.81\mathrm{m/s}^2$，可得到泡状流转变界限，即

$$J_\mathrm{W} \geqslant 1.46\alpha_\mathrm{W}\left[\frac{\rho_\mathrm{W} - \rho_\mathrm{G}}{\rho_\mathrm{W}}\frac{9.81 + a}{\lambda_\mathrm{W}}D^{0.8}J_\mathrm{G}^{0.4}\right]^{0.5} \tag{6-34}$$

式中：α_W 为持液率。

考虑到式（6-33）为静止状态下水平管泡状流气泡最大稳定直径，对试验数据进行拟合，最终得到泡状流过渡界限为

$$J_\mathrm{W} = b + c\left[\frac{\rho_\mathrm{W} - \rho_\mathrm{G}}{\rho_\mathrm{W}}\frac{9.81 + a}{\lambda_\mathrm{W}}D^{0.8}J_\mathrm{G}^{0.4}\right]^{0.5} \tag{6-35}$$

式中：b、c 为试验数据拟合系数；b 的范围为 0.01～0.30；c 的范围为 0.1～0.5。

　　将利用式（6-35）计算得到的界限与试验数据、科卡（Kokal）模型和巴尔内亚（Barnea）模型计算界限进行对比，如图 6-18 所示。由图 6-18 可知，对于泡状流-间歇流转变界限，Kokal 关系式预测结果偏小，Barnea 关系式预测结果偏大。

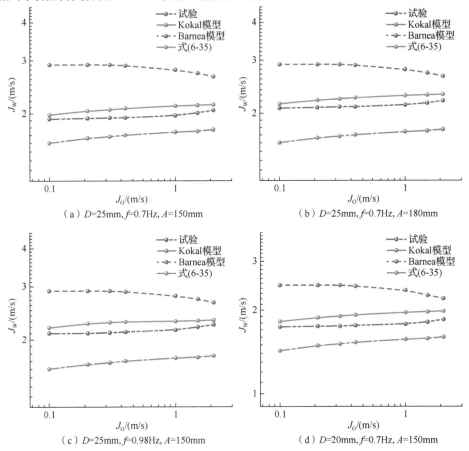

图 6-18　泡状流-间歇流转变界限试验值与理论值结果对比

　　图 6-18 中静止状态下预测模型的转变曲线所对应的公式如下：
Barnea 模型[13]为

$$Y = \frac{1+75\alpha_{\mathrm{w}}}{(1-\alpha_{\mathrm{w}})^{\frac{5}{2}}\alpha_{\mathrm{w}}} - \frac{1}{\alpha_{\mathrm{w}}^3} X^2 \tag{6-36}$$

式中：$Y = (\rho_{\mathrm{w}} - \rho_{\mathrm{G}})g \Big/ \left(\dfrac{\Delta P}{\Delta x}\right)_{\mathrm{G}}$，$X^2 = \left(\dfrac{\Delta P}{\Delta x}\right)_{\mathrm{w}} \Big/ \left(\dfrac{\Delta P}{\Delta x}\right)_{\mathrm{G}}$，$\alpha_{\mathrm{w}} = 0.24$。

　　Kokal 模型[14]为

$$J_{\mathrm{w}} = 4.56\alpha_{\mathrm{w}} \left[\frac{\rho_{\mathrm{w}} - \rho_{\mathrm{G}}}{\rho_{\mathrm{w}}} \frac{1}{\lambda_{\mathrm{w}}} D^{0.8} J_{\mathrm{G}}^{0.4} \right]^{0.5} \tag{6-37}$$

2. 分层流/间歇流–环状流转变分析

Taitle 等[11]认为分层流向环状流转变时，当分层流出现有限波并且当液相供应足够大时，将会堵塞气体通道，形成间歇流；当管道中液相不足时，波浪会被气相卷起，形成环状流。因此，他建议当管道中的平均液位低于管道半径时，产生环状流。Weisman 等[12]利用大量试验数据，验证了 Taitle 环状流界限，发现 Taitle 假设与试验数据具有一定差异，并对试验界限进行线性回归处理，提出间歇流向环状流转变流型转变关系式。

在起伏振动状态下，由于振动附加力的作用，将加剧环状液膜径向波动。在液相速度较小时，极有可能使液膜回落至管道底部，形成分层流，在液相速度高到临界值时，振动附加力将使液膜表面波动增大，对气相形成阻塞，引起环状流向间歇流转变。因此，考虑振动附加力周期性作用，当其与重力方向相同并且达到最大值时，即在 $t = (4k+1)T/4$ 时，对环状流的影响最大，可能引起环状流向其他流型进行转变。因此，径向最大重力加速度为

$$g_{\max} = g + 4\pi^2 f^2 A \tag{6-38}$$

根据 Kokal 等[13]提到的漂移通量模型，水平管含气率与气相折算速度的关系为

$$U_b = \frac{J_G}{\alpha} = C_0\left(J_W + J_G\right) + U_d \tag{6-39}$$

式中：U_b 为气泡上升速度，m/s；C_0 为流量分布参数；U_d 为气泡最终上升速度，表达式为

$$U_d = 0.345\left[\frac{gD\left(\rho_W - \rho_G\right)}{\rho_W}\right]^{0.5} \tag{6-40}$$

在起伏振动状态下受附加力影响，将管道径向最大重力加速度式（6-38）代入式（6-40）得

$$U_d = 0.345\left[\left(g + 4\pi^2 f^2 A\right)\frac{D\left(\rho_W - \rho_G\right)}{\rho_W}\right]^{0.5} \tag{6-41}$$

代入式（6-39），得到环状流转变界限公式

$$J_G = \frac{C_0\alpha}{1 - C_0\alpha}J_W + \frac{0.345\alpha}{1 - C_0\alpha}\left[\left(g + 4\pi^2 f^2 A\right)\frac{D\left(\rho_W - \rho_G\right)}{\rho_W}\right]^{0.5} \tag{6-42}$$

利用式（6-42）对不同管径、不同振动频率、不同振幅下的环状流转变界限进行求解，并将其与试验数据、Barnea 模型和 Kokal 模型所得界限对比，如图 6-19 所示。

由图 6-19 可知，对于环状流界限 Kokal 关系式与 Barnea 关系式的预测结果均偏小。证明静止状态下的水平管气液两相流型转变关系式并不适用于起伏振动状态，存在较大的误差。通过考虑起伏振动作用，所推导的环状流转变关系式与试验所得的转变界限符合较好。

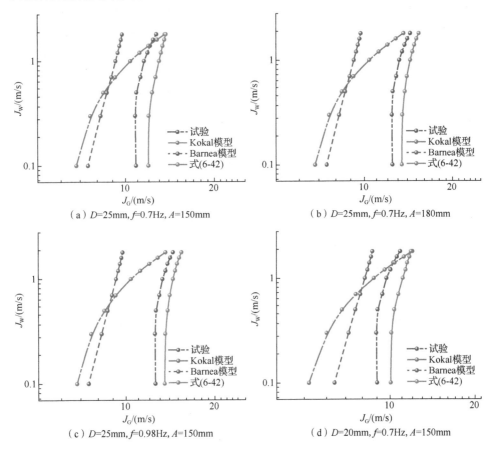

图 6-19　环状流转变界限试验值与理论值结果对比

图 6-19 中静止状态下预测模型的转变曲线所对应的公式如下。

Barnea 模型[13]：

$$\frac{3}{8}\frac{\rho_{\mathrm{W}}}{(\rho_{\mathrm{W}}-\rho_{\mathrm{G}})}\frac{\lambda_{\mathrm{W}}(J_{\mathrm{G}}+J_{\mathrm{W}})^{2}}{g}=\left(0.725+4.15\alpha^{\frac{1}{2}}\right)\left(\frac{\sigma}{\rho_{\mathrm{W}}}\right)^{\frac{3}{5}}\varepsilon^{-0.4} \quad (6\text{-}43)$$

式中：ε 为单位质量能量耗散率，$\varepsilon=2\lambda_{\mathrm{W}}(J_{\mathrm{G}}+J_{\mathrm{W}})^{3}/D$。

Kokal 模型[14]：

$$J_{\mathrm{G}}=10.6J_{\mathrm{W}}+2.98\left[\frac{gD(\rho_{\mathrm{W}}-\rho_{\mathrm{G}})}{\rho_{\mathrm{W}}}\right]^{0.5} \quad (6\text{-}44)$$

6.3　小　结

本章以海洋环境为背景，利用低频高幅起伏振动试验台，对不同振动工况下竖直管与水平管内气液两相流的流型及流型转变机理进行研究，获得了起伏振动下气液两相流型分类，建立了起伏振动下气液两相流型转变关系式，主要结论如下。

（1）低频高幅起伏振动状态下竖直上升管内气液两相流型主要有泡状流、弹状流、搅混流、停滞流和环状流，其中停滞流是首次定义的新流型。水平管内流型主要有泡状流、间歇流、分层流和环状流。

（2）对于竖直管而言，在液相折算速度相同的条件下，管径、振动频率、振幅增加会使弹状流-搅混流界限向左移动，环状流界限向右移动，而停滞流随着管径增大，停滞区域增大，在 25mm 管径下，振动频率、振幅增加，停滞区域呈先增大后减小趋势；在气相折算速度不变的情况下，管径、振动频率、振幅增加会使泡状流界限向上移动，对于相对稳定的流型泡状流与环状流，起伏振动对其转变界限的影响相对较小。对于水平管，在气相折算速度不变的条件下，管径、振动频率、振幅增加会使泡状流-间歇流界限向上移动，间歇流-分层流界限向下移动，在液相折算速度一定的条件下，管径、振动频率、振幅增加会使间歇流/分层流-环状流界限向右移动。从整体上看，管径、振动频率、振幅增加对间歇流影响最大，间歇流在流型图中所占的面积扩张。

（3）对竖直上升管现有静止状态下流型转变机理进行适用性评价，发现现有模型对各流型转变界限预测值的相对误差均在 20%以上，不适用于低频高幅起伏振动竖直上升管内气液两相流型转变界限的预测。因此，通过考虑起伏振动的影响，在现有模型的基础上，建立了适用于起伏振动状态下竖直管的泡状流-弹状流、弹状流-搅混流和搅混流-环状流的理论预测模型。对起伏振动状态下水平管流型转变机理进行分析，在现有转变关系式的基础上考虑振动加速度的作用，建立了适用于低频高幅起伏振动水平管的气液两相流型转变关系式。

参 考 文 献

[1] 贾辉, 曹夏昕, 阎昌琪, 等. 摇摆状态下气液两相流流型转变的实验研究[J]. 核科学与工程, 2006, 26(3): 209-214.

[2] Taitel Y, Bornea D, Dukler A E. Modeling flow pattern transitions for steady upward gas-liquid flow in vertical tubes[J]. AIChE Journal, 1980, 26(3): 345-354.

[3] Mishima K, Ishii M. Flow regime transition criteria for upward two-phase flow in vertical tubes[J]. International Journal of Heat and Mass Transfer, 1984, 27(5): 723-737.

[4] Mcquillan K W, Whalley P B. Flow patterns in vertical two-phase flow[J]. International Journal of Multiphase Flow, 1985, 11(2): 161-175.

[5] Barnea D, Shoham O, Taitel Y, et al. Gas-liquid flow in inclined tubes: flow pattern transitions for upward flow[J]. Chemical Engineering Science, 1985, 40(1): 131-136.

[6] Barnea D. Transition from annular flow and from dispersed bubble flow-unified models for the whole range of pipe inclinations[J]. International Journal of Multiphase Flow, 1986, 12(5):733-744.

[7] Xie T Z, Xu J J, Chen B D, et al. Upward two-phase flow patterns in vertical circular pipe under rolling condition[J]. Progress in Nuclear Energy, 2020, 129: 103506.

[8] Brauner N, Barnea D. Slug/Churn transition in upward gas-liquid flow[J]. Chemical Engineering Science, 1986, 41(1): 159-163.

[9] Jayanti S, Hewitt G F. Predicting of the slug-to-churn flow transition in vertical two-phase flow[J]. International Journal of Multiphase Flow, 1992, 18(6): 847-860.

[10] Brauner N. The prediction of dispersed flows boundaries in liquid-liquid and gas-liquid systems[J]. International Journal of Multiphase Flow, 2001, 27(5): 885-910.

[11] Taitel Y, Dukler A E. A model for predicting flow regime transitions in horizontal and near horizontal gas liquid flow[J]. AIChE Journal, 1976, 22(1): 47-55.

[12] Weisman J, Duncan D, Gibson J, et al. Effects of fluid properties and pipe diameter on two-phase flow patterns in horizontal lines[J]. International Journal of Multiphase Flow, 1979, 5(6): 437-462.

[13] Barnea D. A unified model for predicting flow-pattern transitions for the whole range of pipe inclinations[J]. International Journal of Multiphase Flow, 1987, 13(1): 1-12.

[14] Kokal S L, Stanislav J F. An experimental study of two-phase flow in slightly inclined pipes-1.Flow patterns[J]. Chemical Engineering Science, 1989, 44(3): 665-679.

第7章　振动状态下气液两相流摩擦阻力特性

气液两相流摩擦压降是一个重要特性参数，其准确计算对设备安全稳定运行有重要意义。从第4章研究结果可以看出起伏振动对单相流摩擦压降产生了一定的影响。因此，本章对高频低幅和低频高幅两种振动下气液两相流摩擦压降进行研究，分析起伏振动对不同管道气液两相流摩擦压降的影响规律，评价现有模型的适用性，建立适用于起伏振动的摩擦压降计算关系式。

7.1　高频低幅振动对水平管摩擦压降的影响

采用高频低幅振动试验台结合气液两相流试验系统对高频低幅振动水平管气液两相流摩擦压降特性进行研究，振动频率为 5Hz、8Hz 和 10Hz，振幅为 2mm、5mm 和 8mm，气相折算速度为 0.1～15m/s，液相折算速度为 0.1～2.5m/s，流型涵盖常见所有流型范围。

7.1.1　起伏振动对平均摩擦压降的影响

对于稳定状态工况下通道内气液两相流体的摩擦压降，已有大量专家学者对其进行了研究和验证，以期更好地分析其变化规律。通过大量试验，Lockhart 和 Martinelli[1]首次发现两相摩擦因子可以很好地与马蒂内利（Martinelli）参数 X 相关联，如式（7-1）～式（7-5）：

$$\phi_{\mathrm{W}}^{2} = \left(\frac{\Delta P}{\Delta L}\right)_{\mathrm{tp}} \bigg/ \left(\frac{\Delta P}{\Delta L}\right)_{\mathrm{W}} \tag{7-1}$$

式中：ϕ_{W} 为分液相折算系数；$\left(\dfrac{\Delta P}{\Delta L}\right)_{\mathrm{tp}}$ 为两相摩擦压降梯度，Pa/m；$\left(\dfrac{\Delta P}{\Delta L}\right)_{\mathrm{W}}$ 为液相单独流过管道的摩擦压降梯度，Pa/m。

$$\phi_{\mathrm{G}}^{2} = \left(\frac{\Delta P}{\Delta L}\right)_{\mathrm{tp}} \bigg/ \left(\frac{\Delta P}{\Delta L}\right)_{\mathrm{G}} \tag{7-2}$$

式中：ϕ_{G} 为分气相折算系数；$\left(\dfrac{\Delta P}{\Delta L}\right)_{\mathrm{G}}$ 为气相单独流过管道的摩擦压降梯度，Pa/m。

$$X = \sqrt{\left(\frac{\Delta P}{\Delta L}\right)_{\mathrm{W}} \bigg/ \left(\frac{\Delta P}{\Delta L}\right)_{\mathrm{G}}} \tag{7-3}$$

$$\left(\frac{\Delta P}{\Delta L}\right)_{\mathrm{w}} = \frac{\left[G_{\mathrm{tp}}(1-x)\right]^2}{2D\rho_{\mathrm{w}}}\mu_{\mathrm{w}} \tag{7-4}$$

式中：G_{tp} 为两相质量流速，$\mathrm{kg/(m^2 \cdot s)}$；$x$ 为质量含气率；ρ_{w} 为液相密度，$\mathrm{kg/m^3}$；μ_{w} 为液相动力黏度，$\mathrm{Pa \cdot s}$。

$$\left(\frac{\Delta P}{\Delta L}\right)_{\mathrm{G}} = \frac{\left(G_{\mathrm{tp}}x\right)^2}{2D\rho_{\mathrm{G}}}\lambda_{\mathrm{G}} \tag{7-5}$$

式中：ρ_{G} 为气相密度，$\mathrm{kg/m^3}$；λ_{G} 为气相动力黏度，$\mathrm{Pa \cdot s}$。

在此基础上，Chisholm[2]提出了用于工程设计的简化方程：

$$\phi_{\mathrm{w}}^2 = 1 + \frac{C}{X} + \frac{1}{X^2} \tag{7-6}$$

式中：C 为奇泽姆（Chisholm）系数。

对于层流液体-层流气体，$C=5$；对于层流液体-湍流气体，$C=10$；对于湍流液体-湍流气体，$C=20$。在此基础上，Sun 等[3]依照大量试验数据，针对不同的流体区域，提出了一个新的关于两相流摩擦压降的关联式：

针对层流区域

$$\phi_{\mathrm{w}}^2 = 1 + \frac{C}{X^{1.19}} + \frac{1}{X^2} \tag{7-7}$$

$$C = 26(1 + Re_{\mathrm{w}}/1000)\left\{1 - \exp\left[-0.153/(0.27La + 0.8)\right]\right\} \tag{7-8}$$

式中：Re_{w} 为液相雷诺数。

$$La = \left[\sigma/g(\rho_{\mathrm{w}} - \rho_{\mathrm{G}})\right]^{0.5}\big/D \tag{7-9}$$

式中：σ 为液相表面张力，$\mathrm{N/m}$。

针对湍流区域

$$\phi_{\mathrm{w}}^2 = 1 + \frac{C}{X^{1.19}} + \frac{1}{X^2}$$
$$C = 1.79\left(\frac{Re_{\mathrm{G}}}{Re_{\mathrm{w}}}\right)^{0.4}\left(\frac{1-x}{x}\right)^{0.5} \tag{7-10}$$

式中：Re_{G} 为气相雷诺数。

在上述模型的基础上，Müller-Steinhagen 等[4]对水平和垂直管内不同混合物流体流动情况进行了试验研究，基于 9300 多个试验测量值，提出了一个新的关联式，可表示为

$$\phi_{\mathrm{w}}^2 = x^3Y^2 + (1-x)^{1/3}\left[1 + 2x\left(Y^2 - 1\right)\right] \tag{7-11}$$

$$Y^2 = \left(\frac{\Delta P}{\Delta L}\right)_{\mathrm{G}} \bigg/ \left(\frac{\Delta P}{\Delta L}\right)_{\mathrm{W}} \tag{7-12}$$

此外，根据试验数据，Akagawa[5]基于含气率 α 提出了相关计算公式，摩擦压降可表述为

$$\phi_{\mathrm{W}} = (1-\alpha)^{-m} \tag{7-13}$$

式中：m 是与通道倾斜角度相关的函数。对于水平和垂直通道内两相流动，m 的取值分别为 0.7 和 0.755。针对本书所采用的水平通道，该部分针对 m 取值进行了比较。

从图 7-1（a）可以看出，当 m 取值为 0.65 时，关联式拟合效果最好。该部分将摩擦压降的试验值与上述关联式的计算值进行了对比，结果如图 7-1（b）所示。从图 7-1（b）可以看出，Müller-Steinhagen 等[4]提出的相关模型计算结果与摩擦压降的试验值较为一致。以洛克哈特-马蒂内利（Lockhart-Martinelli）数为基础建立的计算模型中，Sun 等[3]提出的方法可以更好地预测摩擦压降，预测误差在 10%以内。此外，由 Akagawa[5]提出的关联式计算结果与试验值一致性最高，预测误差在 5%以内。

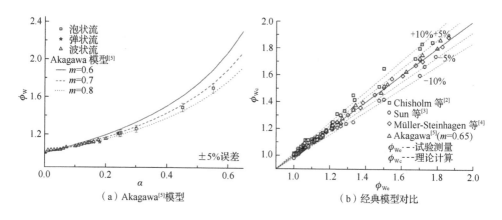

（a）Akagawa[5]模型　　　　　　　　（b）经典模型对比

图 7-1　水平通道内摩擦压降计算结果比较

基于上述结论，该部分将相同流动参数时两种典型振动工况下的摩擦压降值与上述关联式计算值进行了比较，如图 7-2 所示。当 f=5Hz，A=2mm 时，相同流动参数下，稳定状态工况的摩擦压降预测建模方法同样适用于起伏振动通道，预测误差在 15%以内。然而在强振动条件下，采用稳定状态模型的方法预测摩擦压降的误差要高 5%。此外，与稳定状态流体流动相似，Müller-Steinhagen 等[4]提出的关联式计算结果与试验结果具有较好的一致性。但是需要注意的是，与稳定状态相反，起伏振动下的预测摩擦压降值通常小于试验值，特别是在振动参数较高的情况下。

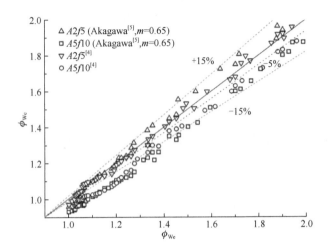

图 7-2　振动工况下水平通道内摩擦压降计算结果比较

综上所述，对于起伏振动下水平通道内气液两相流动，稳定状态摩擦压降经验公式的计算结果与起伏振动下真实值的预测误差在可接受范围内。

7.1.2　起伏振动对瞬时摩擦压降的影响

Posada 等[6]对振动工况下垂直管内气液两相流动进行试验研究发现，压力是影响流体流动情况的关键因素之一。图 7-3 给出了稳定状态和起伏振动下瞬时摩擦压降曲线图，其中 ΔP_{fs} 为稳定状态工况摩擦压降，ΔP_{fv} 为非线性振动工况摩擦压降。

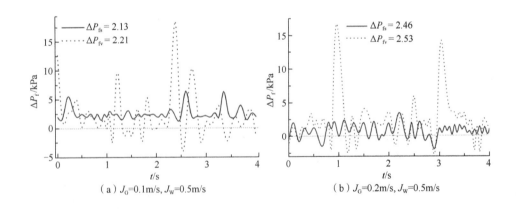

图 7-3　振动对瞬时摩擦压降的影响

由图 7-3 可知，非线性振动状态下瞬时摩擦压降变化幅度为-207.2%～344.3%，与稳定状态工况下摩擦压降变化范围相比，振动工况下具有更高的波动幅值，然而其平均摩擦压降与稳定状态的相比减小 10%左右。

　　振动工况下瞬时摩擦压降波动规律符合不规则正弦形式，这一现象可归因于近壁流体所产生的横向速度，表明同一周期内，整个通道的压力由非线性振动引起的流体流量波动控制。随着水平通道的持续非线性振动，液相逐渐累积在通道内壁面上，显著增大了液相与壁面之间的剪切力，从而增加摩擦阻力，在一定程度上影响摩擦压降，导致瞬时摩擦压降每隔一段时间均会出现较大的波动幅值。在本试验的其他工况下也观察到了类似的压力变化特征。由此可以得出，合理设计通道振幅及频率可以很好地提高传热效率。与瞬时摩擦压降相比，平均摩擦压降对振动工况不敏感。结合通道内单相水脉动流动时摩擦压降变化规律的分析可推测，气液两相流动中气相的存在缓冲了水流脉动对摩擦压降的影响。

　　为探讨非线性振动对通道内气液两相流动情况的影响，该部分定义 λ 为摩擦阻力系数，计算了不同 Re 时的瞬时摩擦压降，如图 7-4 所示。通过比较不同流速下摩擦压降峰值出现的时间，可以发现流速越大，峰值出现越晚。同时，λ 随雷诺数的增大而减小，说明非线性振动状态下平均摩擦阻力系数依然和 Re 成反比。对此现象，我们进行如下分析。

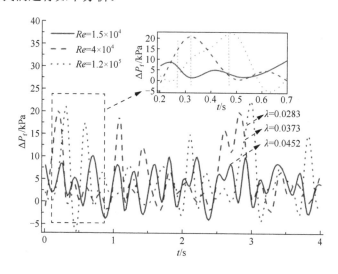

图 7-4　Re 对摩擦压降的影响

　　通常情况下，稳定状态下通道内气液两相流动压降受到壁面性质和 Re 的影响，与之相比，当通道做非线性振动时，在通道壁面很薄的区域内会产生瞬时的脉动涡流及巨大的脉冲速度，同时由于这一区域的非线性相互作用，破坏了壁面附近流动边界层。振幅和频率越大，对原有流场影响越大，流动越紊乱，流线偏离原流动方向的程度越大，相应迅速增大流场静压。区域振动时，随振动参数的改变，流场结构及流动速度会发生变化，且高频率时通道摩擦压降变化更明显。

　　图 7-5 总结了不同振动参数下平均摩擦压降与液气速度比关系。从整体上看，两相速度的增大对起伏运动和稳定状态下的平均摩擦压降均有显著影响。随着流体流速的增大，摩擦压降随泡状流向弹状流过渡而增大。对比图 7-5（b）和（c）可以看出，泡状流流动时的摩擦压降变化幅度较为显著，这种现象可能是由泡状流流型的不稳定性引起的。如图 7-5（d）所示，在这四种典型的流态中，液气比和振动参数的改变对环状流的摩擦压降影响不大。

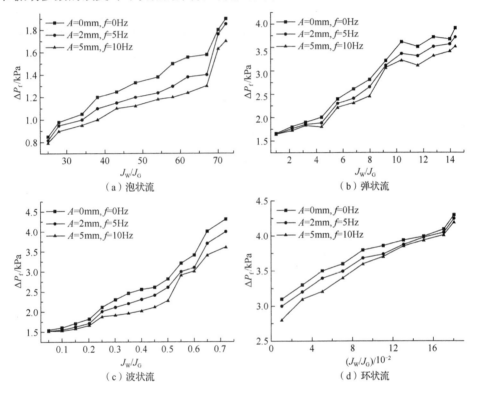

图 7-5　不同流型下的摩擦压降

　　正如之前研究结果[7]表明，随气相流量的增大，液膜的最大厚度和平均厚度有增大的趋势，而最小厚度没有明显变化。这一规律也与 Hazuku 等[8]等报道的空气-水的液膜厚度一致。因此，可归因于具有较高气相流量通道的内壁表面会产生较大振幅，相应削弱了起伏振动对摩擦压降的影响。

7.1.3　起伏振动对压降波动的影响

　　为了更好地了解振动工况对水平通道内气液两相流动的影响，该部分以两种典型振动参数为例，对压降波动规律进行了对比。在模拟过程中，保证各流型气液相分布情况稳定后进行测量，如图 7-6 所示。

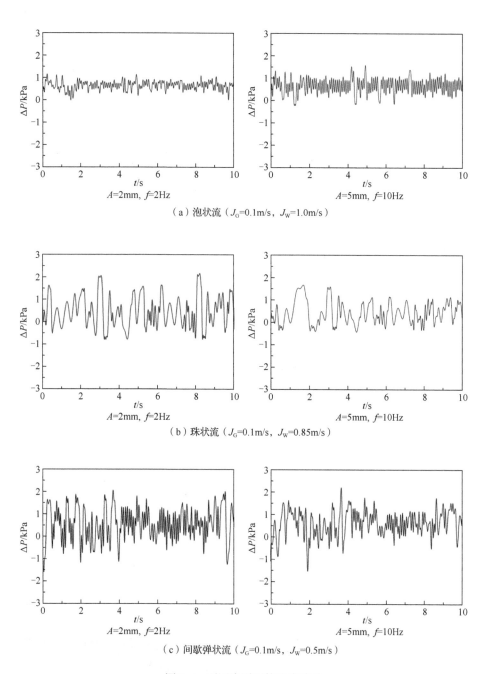

（a）泡状流（J_G=0.1m/s，J_W=1.0m/s）

（b）珠状流（J_G=0.1m/s，J_W=0.85m/s）

（c）间歇弹状流（J_G=0.1m/s，J_W=0.5m/s）

图 7-6　不同流型下的压降波动

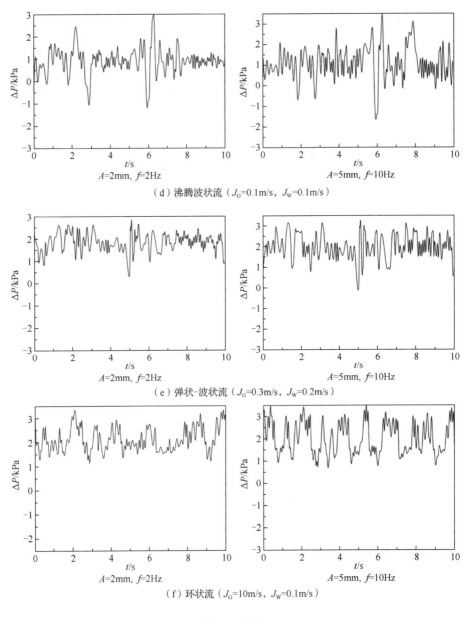

（d）沸腾波状流（J_G=0.1m/s，J_W=0.1m/s）

（e）弹状-波状流（J_G=0.3m/s，J_W=0.2m/s）

（f）环状流（J_G=10m/s，J_W=0.1m/s）

图 7-6（续）

（1）泡状流。图 7-6（a）为 10s 内水平通道内泡状流压差波动曲线，压降随时间变化很小，不同振动参数下其压差分布没有明显的差异。

（2）珠状流。与泡状流相比，图 7-6（b）所示的珠状流压差波动曲线较为明显，不同振动参数下的压差分布没有明显的不对称性。

（3）间歇弹状流。如图 7-6（c）所示，压降波动曲线较为剧烈，具有明显的波峰和波谷。但在不同的振动参数下，水平通道内流体流动没有明显变化。

（4）沸腾波状流。如图 7-6（d）所示，沸腾波状流的压差变化趋势比波状流更稳定。在较高振动参数下，流体流动的波动较大，类似于波状流压差分布。

（5）弹状-波状流。对于低振动参数下的弹状-波状流，其压降曲线在一定的时间内会出现周期性波动。此外，如图 7-6（e）所示，其压差波动曲线也表现出了较明显的波动和不规则性。

（6）环状流。从图 7-6（f）可以看出，与沸腾波状流相比，环状流的压差波动具有一定规律性。同时，振动参数对气液两相分布影响不大，但振动参数越小，压降变化规律越明显。

7.2　高频低幅振动倾斜上升管气液两相流摩擦压降特性

气液两相流中液相未完全充满管道，起伏振动会加剧气液相间作用，使得摩擦压降发生变化。控制高频低幅振动台以振动频率 2Hz、5Hz 和 8Hz，振幅 2mm、5mm 和 8mm 做正弦振动，对管径 25mm，倾角 10°、20° 和 30° 的倾斜上升管内气液两相流摩擦压降进行研究，获得起伏振动对气液两相流摩擦压降的影响规律，评价现有模型的适用性，在单相流模型基础上建立气液两相流摩擦压降计算模型。

7.2.1　摩擦压降数据处理

两相流在静止直管内的流动总压降由摩擦压降、重位压降和加速压降三部分组成，在起伏振动状态下，由起伏振动引起附加压降。试验在常温下进行，温度变化可忽略不计，不发生相变，加速压降为零，流动的总压降和式（4-7）相同。摩擦阻力系数的计算仍然采用式（4-10）计算，仅将流体速度换为两相混合物平均速度。

1. 摩擦压降计算

摩擦压降的计算模型主要分为均相模型和分相模型，采用不同模型进行计算，验证其在起伏振动状态下的适用性。

1）均相模型

均相模型摩擦压降的计算为

$$\left(\frac{\Delta P}{\Delta L}\right)_{tp} = \frac{\lambda_{tp} G_{tp}^{2}}{2D\rho_{tp}} \tag{7-14}$$

试验段采用有机玻璃管道，粗糙度很小，且均相雷诺数范围为 5166～83722，在典型尼古拉兹曲线中处于紊流水力光滑管区，摩擦阻力系数可用式（7-15）计算：

$$\lambda_{tp} = 0.3164 Re_{tp}^{-0.25} \tag{7-15}$$

针对两相动力黏度 μ_{tp} 的计算，学者们提出了不同的计算方法，典型的两相动力黏度计算模型见表 7-1。

表 7-1 两相动力黏度计算模型

模型	关系式
麦克亚当斯（McAdams）模型[9]	$1/\mu_{tp} = x/\mu_G + (1-x)/\mu_W$
杜克勒（Duckler）模型[10]	$\mu_{tp} = \beta\mu_G + (1-\beta)\mu_W$
贝蒂-惠利（Beattie-Whalley）模型[11]	$\mu_{tp} = \beta\mu_G + (1-\beta)(1+2.5\beta)\mu_W$
阿瓦德-穆济琴卡（Awad-Muzychka）模型（定义4）[12]	$\mu_{tp} = \mu_G \dfrac{2\mu_G + \mu_W - 2(\mu_G - \mu_W)(1-x)}{2\mu_G + \mu_W + (\mu_G - \mu_W)(1-x)}$

2）分相模型

分相模型仍采用 Chisholm 模型[2]、米勒-施泰因哈根（Müller-Steinhagen）模型[4]以及孙-三岛（Sun-Mishima）模型[3]。

2. 重位压降计算

重位压降为

$$\Delta P_g = \rho_m g (Z_1 - Z_2) \sin\theta \tag{7-16}$$

式中：Z_1 和 Z_2 为起止点高度，m。

Lockhart 等[1]基于滑移模型提出了截面含气率的计算方法，即

$$\alpha = \left[1 + 0.28 \left(\frac{1-x}{x} \right)^{0.64} \left(\frac{\rho_W}{\rho_G} \right)^{0.36} \left(\frac{\mu_W}{\mu_G} \right)^{0.07} \right]^{-1} \tag{7-17}$$

3. 附加压降计算

根据高璞珍等[13]的研究，起伏振动引起的附加压降可表示为

$$\Delta P_{add} = \rho_m a (Z_1 - Z_2) \tag{7-18}$$

7.2.2 现有摩擦压降模型评价

由于目前起伏振动倾斜管摩擦压降研究几乎处于空白，静止管道的计算模型是否适用于起伏振动管道尚未证实。选取包含所有振动工况和流型的 163 组数据，分别采用上述均相模型和分相模型对摩擦阻力系数进行计算，并与试验值进行对比，结果如图 7-7 所示。由图 7-7 可知，上述 7 种计算模型的计算结果误差分布比较分散，范围均超过-30%～30%，并且误差在-15%～15% 的数据相对较少。随着摩擦阻力系数的增大，平均误差超出 30% 的比例增大。

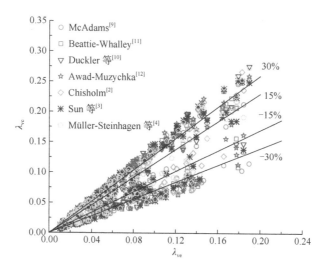

图 7-7　静止管道不同模型计算误差分布

为了客观评价模型的适用性，采用平均相对误差 MARD 作为评价指标，即

$$\text{MARD} = \frac{1}{n}\sum_{i=1}^{n}\left|\frac{y_{\text{pre}} - y_{\text{exp}}}{y_{\text{exp}}}\right| \times 100\% \qquad （7\text{-}19）$$

不同模型的 MARD 见表 7-2。由表 7-2 可知，分相模型和均相模型计算得到的 MARD 相近，都在 30%左右，其中以文献[4]提出的分相模型最小，为 27.22%，30%以内误差所占比例为 51.53%。这表明静止管道下得出的摩擦压降计算模型不能用于起伏振动。均相模型中 McAdams 模型[9]得到的 MARD 最小，为 27.86%，且 30%以内误差所占比例最高，为 47.85%，因此后续分析中均相 Re 的计算采用 McAdams 模型。

表 7-2　静止管道不同模型计算值与试验值误差

	模型	MARD/%	30%以内占比/%
均相模型	McAdams 模型[9]	27.86	47.85
	Duckler 模型[10]	31.76	34.36
	Beattie-Whalley 模型[11]	31.93	38.04
	Awad-Muzychka 模型[12]	33.45	30.06
分相模型	Chisholm 模型[2]	28.32	53.99
	Müller-Steinhagen 模型[4]	27.22	51.53
	Sun-Mishima 模型[3]	29.87	44.17

7.2.3　试验参数对摩擦压降的影响

1. 起伏振动对摩擦压降的影响

管道的起伏振动会对管内流体微团引入附加力，改变流体的运动情况，进而影响气液两相流摩擦压降。图 7-8 为 J_G=0.1m/s、J_W=2.6m/s、f=5Hz、A=5mm 起伏振动和静止状态的摩擦压降。由图 7-8 可知，管道的起伏振动使气液两相流摩擦压降的波动加剧，并且导致平均摩擦压降增大。与静止管道相比，f=5Hz、A=5mm 时的摩擦压降平均值增加了 52%，如果按照静止管道的摩擦压降进行计算，将会大大低估管道中的摩擦压降。

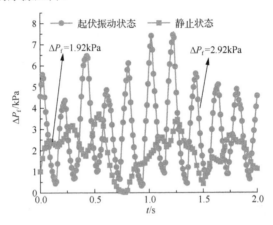

图 7-8　静止和起伏振动管道摩擦压降波动

静止和起伏振动管道摩擦压降功率谱如图 7-9 所示。结果表明，静止状态的摩擦压降波动规律性不明显，没有显著的波动主频率，而起伏振动状态下的摩擦压降波动规律性较强，具有多个显著的频率，文献[14]在摇摆状态下的气液两相流摩擦阻力特性分析中也发现了类似的波动规律。这说明起伏振动会导致摩擦压降周期性波动，摩擦阻力系数是和运动参数相关的变量。

多尺度熵能够反映气液两相流动的复杂程度。对 f=5Hz、A=5mm 振动状态以及静止状态不同气相和液相折算速度下的摩擦压降进行多尺度熵分析，模板长度为 2，匹配阈值取 0.2，求取前 25 个尺度的熵值，如图 7-10 所示。

结果表明，当流型为泡状流时，起伏振动摩擦压降熵值低于静止管道。此时，液相占比大且流速快，气泡弥散分布于液相中，在交替附加力的作用下，气泡分布区域集中在管道轴线上方区域，并且小气泡逐渐破裂合并成大气泡，与静止管道相比，气泡运动随机性较小，熵值降低。当流型为弹状流或环状流时，起伏振动摩擦压降熵值高于静止管道。此时，气相以气弹或气芯形式存在，液相含量较少，在交替附加力的作用下容易发生气弹破碎与合并以及液环和气芯之间的互相侵入，使得弹状流和环状流流动更加复杂，熵值增大。从图 7-10 中还可发现静止管道的熵值变化趋势比较稳定，随尺度的增加呈上升趋势，而起伏振动下的熵值在尺度为 8、10 和 20 处都出现明显转折，说明起伏振动下流动更加不稳定，导致摩擦压降增大。

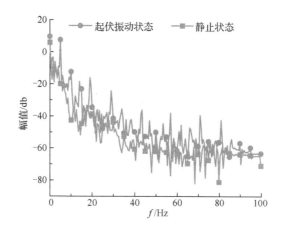

图 7-9　静止和起伏振动管道摩擦压降功率谱

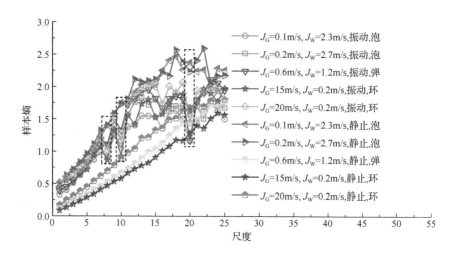

图 7-10　不同流动工况起伏和静止管道摩擦压降多尺度熵

J_G=0.1m/s、J_W=2.6m/s、f=5Hz、A=5mm 时振动加速度和瞬时摩擦压降波动以及对应的频率分析如图 7-11 所示。从图 7-11 中可以明显看出起伏振动下摩擦压降的波动规律与管道振动加速度变化规律基本一致，并且在振动过程中伴随着气泡的破裂和重新聚合，导致流体微团与壁面的接触受力最大时刻与加速度最大时刻有所偏差，摩擦压降与加速度的峰谷值出现时间相比有一定的提前或者延后。从频谱图中可以看出摩擦压降信号中存在明显的 **5Hz** 频率分量,该频率与振动频率一致,这说明起伏振动状态下摩擦压降的波动主频率取决于振动频率。

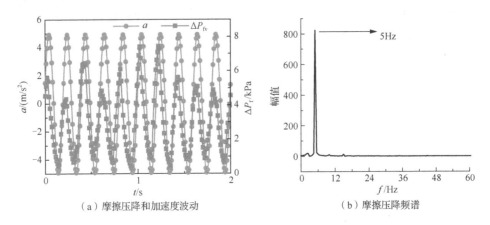

（a）摩擦压降和加速度波动 （b）摩擦压降频谱

图 7-11 振动加速度和摩擦压降波动及频率分析

2. 两相雷诺数对摩擦压降的影响

相同振动工况、不同雷诺数下摩擦阻力系数波动如图 7-12 所示。在不同振动规律下,摩擦阻力系数都与雷诺数成反比。f=2Hz、A=2mm 时随着雷诺数从 11269 增至 51622,摩擦阻力系数平均值由 0.209 降至 0.014。此外,随着振动加剧,摩擦阻力系数的波动程度变大,并且当 f=8Hz、A=5mm 时出现摩擦阻力系数为负值的现象。这是因为随着振动加剧,作用于流体微团上的附加作用力逐渐增大,当其和重力沿流动方向的分力大于流动的动力时就会出现短暂的倒流现象,在设计时要适当增大泵的压头,防止因为振动而出现循环倒流。

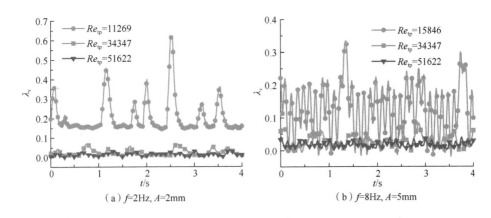

（a）f=2Hz, A=2mm （b）f=8Hz, A=5mm

图 7-12 不同雷诺数下的摩擦阻力系数

3. 振动参数对摩擦压降的影响

1）振幅对摩擦压降的影响

相同振动频率、雷诺数，不同振幅时摩擦阻力系数的波动如图 7-13 所示。从图 7-13 中可以看出，振幅对摩擦阻力系数的平均值和波动幅度均有明显影响。随着振幅从 2mm 增加至 8mm，摩擦阻力系数平均值从 0.127 增至 0.151，摩擦阻力系数的波动范围从-50.1%～144.4%增至-88.9%～235.1%。这是因为振动加速度和振幅的一次方成正比，当振幅改变时附加作用力变化较小，只能增大流体微团的受力而不能改变流体微团的分布情况，因此使得摩擦阻力系数的平均值和波动幅度增加。

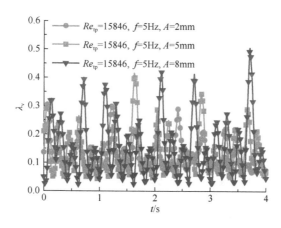

图 7-13　不同振幅时摩擦阻力系数的波动

2）振动频率对摩擦压降的影响

相同振幅、雷诺数，不同振动频率的摩擦阻力系数如图 7-14 所示。从图 7-14 中可以看出，摩擦阻力系数平均值随振动频率的增大而增大，随着振动频率从 2Hz 增加至 8Hz，平均摩擦阻力系数从 0.126 变化至 0.134。振动频率对摩擦阻力系数的波动范围影响比较复杂。这是因为振动加速度和振动频率的平方成正比，随着振动频率的增大，附加作用力变化比较大，除了增大流体微团的受力外，还会改变流体微团的分布，使得摩擦阻力系数的波动变化规律比较复杂。

4. 倾角对摩擦压降的影响

相同振动工况和雷诺数，倾角分别为 10°、20°和 30°的摩擦压降系数如图 7-15 所示。从图 7-15 中可以看出，随倾角变化，摩擦压降系数波动无明显变化。倾角由 10°增至 30°，摩擦阻力系数降低 1.86%，这说明在 30°以内倾角的改变对摩擦阻力系数的影响较小。

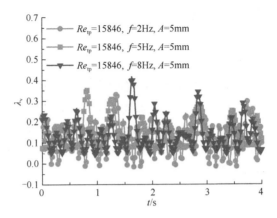

图 7-14　不同振动频率下的摩擦阻力系数

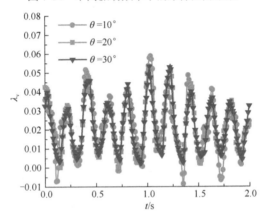

图 7-15　不同倾角下的摩擦阻力系数

7.2.4　摩擦压降计算模型

通过以上分析可得出起伏振动下摩擦阻力系数主要与起伏振动参数（a，u）和两相流动参数（Re_{tp}）有关，采用量纲分析可导出振动摩擦阻力系数的表达式。起伏振动状态下气液两相流摩擦阻力特性物理方程为

$$F(\Delta P_{fv}, \mu_{tp}, Re_{tp}, a, u, D, L, \rho_{tp}, v, \theta) = 0 \tag{7-20}$$

式中：ΔP_{fv} 为振动摩擦压降，Pa/m；μ_{tp} 为两相动力黏度，N·s/m^2；Re_{tp} 为两相雷诺数；a 为振动加速度，m/s^2；u 为振动速度，m/s；L 为流体流过的长度，m；v 为真实流速，m/s；θ 为管道倾角，(°)。

借鉴静止管道摩擦阻力系数的计算模型，将起伏振动下摩擦压降表示为

$$\Delta P_{fv} = f\left(Re_{tp}, \frac{aD}{v^2}, \frac{u}{v}, \theta\right) \cdot \frac{L}{D} \cdot \frac{\rho_{tp}}{2} v^2 \tag{7-21}$$

最终将振动摩擦阻力系数写为

$$\lambda_v = c_1 + c_2 \left(\frac{aD\cos\theta}{v^2} \right) + c_3 \left(\frac{u\cos\theta}{v} \right) \tag{7-22}$$

为了分析振动对流动特性的影响，定义振动雷诺数 Re_v 如下：

$$Re_v = \frac{\rho_{tp} u_v D}{\mu_{tp}} \tag{7-23}$$

通过对大量试验数据进行拟合，得到式（7-22）中 c_1、c_2 和 c_3 的关系式为

$$\begin{cases} c_1 = 10^{1.673} Re_{tp}^{-1.115} Re_v^{0.4} \\ c_2 = 10^{-2.29} Re_{tp}^{0.267} Re_v^{0.2757} \\ c_3 = -10^{-1.12} Re_{tp}^{0.9487} Re_v^{0.8048} \end{cases} \tag{7-24}$$

本节得出的起伏振动状态气液两相流振动摩擦阻力系数计算值和试验值的对比如图 7-16 所示。由图 7-16 可知，在峰值和谷值由于波动较剧烈，关系式误差较大，在中间位置的拟合误差较小。

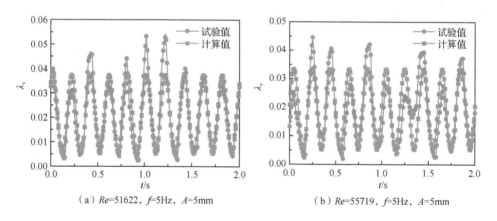

（a）Re=51622，f=5Hz，A=5mm　　　　　（b）Re=55719，f=5Hz，A=5mm

图 7-16　振动摩擦阻力系数计算值和试验值的比较

对试验的 163 组数据进行统计，计算与试验误差如图 7-17 所示。该关系式计算得到的摩擦阻力系数与试验值的平均误差为 10.94%，误差在 15%以内的数据组占到 88.34%，与现有静止管道的摩擦压降模型相比，预测准确度大幅度提升，这说明本书新建立的起伏振动状态摩擦阻力系数计算模型能够准确计算起伏振动下的摩擦阻力系数。该关系式适用于 2Hz≤f≤8Hz、2mm≤A≤8mm、5166≤Re_{tp}≤83722、10°≤θ≤30°、D=20mm，且在一个振动周期内振幅和频率均保持不变的起伏振动。

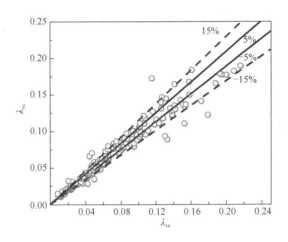

图 7-17　新建模型计算结果误差分布

7.3　低频高幅振动倾斜上升管气液两相流摩擦压降特性

随着海上漂浮核动力平台的发展，海洋条件下气液两相流动特性成为研究的焦点。摩擦压降作为气液两相流重要特征参数之一，关乎核动力平台的准确设计和安全稳定运行。在海洋条件引起的低频高幅振动下，振动附加作用力会对气液两相流摩擦压降产生明显的影响。因此，对低频高幅起伏振动下气液两相流摩擦压降的研究有重要意义。

本节控制低频高幅振动试验台以振动频率 0.21Hz、0.42Hz、0.70Hz 和 0.98Hz，振幅 50mm、100mm、150mm 和 180mm 做正弦振动，对管径 15mm、20mm 和 25mm，倾角 60°、70°、80° 和 90° 的垂直和大角度倾斜上升管内气液两相流摩擦压降进行试验和理论研究，评价了现有的 24 种均相和分相摩擦压降计算模型的适用性，分析了起伏振动、振动参数、管径和倾角对摩擦压降的影响，基于分相模型采用理论和试验研究相结合的方法建立了适用于低频高幅起伏振动垂直和倾斜上升管气液两相流摩擦压降计算模型，大幅度提高了摩擦压降计算准确度。

低频高幅起伏振动气液两相流摩擦压降数据处理和 7.2 节中高频低幅起伏振动气液两相流摩擦压降数据处理方法基本相同，在此不再重复。

7.3.1　现有摩擦压降计算模型评价

目前静止管道的摩擦压降计算模型主要分为均相模型和分相模型。本节对常见的均相模型和分相模型适用性进行评价。

1. 均相模型

均相模型摩擦压降的计算依然可以采用式（7-14），摩擦阻力系数的计算采用式（4-6）。不同学者针对管道尺寸和工质的不同提出了不同的均相黏度系数的计算模型，见表 7-3。

表 7-3　均相黏度系数计算关系式

模型	计算公式
McAdams 模型[9]	$\mu_{\mathrm{tp}} = \left[x / \mu_{\mathrm{G}} + (1-x) / \mu_{\mathrm{W}} \right]^{-1}$
戴维森（Davidson）模型[15]	$\mu_{\mathrm{tp}} = \mu_{\mathrm{W}} \left[1 + x (\rho_{\mathrm{W}} / \rho_{\mathrm{G}} - 1) \right]$
埃克斯（Akers）模型[16]	$\mu_{\mathrm{tp}} = \mu_{\mathrm{W}} / \left[(1-x) + x \sqrt{\rho_{\mathrm{W}} / \rho_{\mathrm{G}}} \right]$
奇基蒂（Cicchitti）模型[17]	$\mu_{\mathrm{tp}} = x \mu_{\mathrm{G}} + (1-x) \mu_{\mathrm{W}}$
Duckler 模型[10]	$\mu_{\mathrm{tp}} = \rho_{\mathrm{tp}} \left[x \dfrac{\mu_{\mathrm{G}}}{\rho_{\mathrm{G}}} + (1-x) \dfrac{\mu_{\mathrm{W}}}{\rho_{\mathrm{W}}} \right]$
Beattie-Whalley 模型[11]	$\mu_{\mathrm{tp}} = \mu_{\mathrm{W}} (1-\alpha_{\mathrm{m}})(1 + 2.5\alpha_{\mathrm{m}}) + \mu_{\mathrm{G}} \alpha_{\mathrm{m}}$ $\alpha_{\mathrm{m}} = \dfrac{x}{x + (1-x) \rho_{\mathrm{G}} / \rho_{\mathrm{W}}}$
林（Lin）模型[18]	$\mu_{\mathrm{tp}} = \dfrac{\mu_{\mathrm{W}} \mu_{\mathrm{G}}}{\mu_{\mathrm{G}} + x^{1.4} (\mu_{\mathrm{W}} - \mu_{\mathrm{G}})}$
富尔-博里（Fourar-Bories）模型[19]	$\mu_{\mathrm{tp}} = (1-\beta) \mu_{\mathrm{W}} + \beta \mu_{\mathrm{G}} + 2 \sqrt{\beta(1-\beta) \mu_{\mathrm{W}} \mu_{\mathrm{G}}}$
加西亚（García）模型[20]	$\mu_{\mathrm{tp}} = \dfrac{\mu_{\mathrm{W}} \rho_{\mathrm{G}}}{x \rho_{\mathrm{W}} + (1-x) \rho_{\mathrm{G}}}$
Awad-Muzychka 模型（定义 3）[12]	$\mu_{\mathrm{tp}} = \mu_{\mathrm{W}} \dfrac{2\mu_{\mathrm{W}} + \mu_{\mathrm{G}} - 2(\mu_{\mathrm{W}} - \mu_{\mathrm{G}})x}{2\mu_{\mathrm{W}} + \mu_{\mathrm{G}} + (\mu_{\mathrm{W}} - \mu_{\mathrm{G}})x}$
Awad-Muzychka 模型（定义 4）[12]	$\mu_{\mathrm{tp}} = \mu_{\mathrm{G}} \dfrac{2\mu_{\mathrm{G}} + \mu_{\mathrm{W}} - 2(\mu_{\mathrm{G}} - \mu_{\mathrm{W}})(1-x)}{2\mu_{\mathrm{G}} + \mu_{\mathrm{W}} + (\mu_{\mathrm{G}} - \mu_{\mathrm{W}})(1-x)}$
尚南科（Shannak）模型[21]	$Re_{\mathrm{tp}} = \dfrac{G_{\mathrm{tp}} D \left[x^2 + (1-x)^2 (\rho_{\mathrm{g}} / \rho_{\mathrm{w}}) \right]}{\mu_{\mathrm{G}} x + \mu_{\mathrm{w}} (\rho_{\mathrm{g}} / \rho_{\mathrm{w}})(1-x)}$

注：表中 μ_{tp}、μ_{W}、μ_{G} 分别为均相、液相和气相运动黏度系数，Pa·s。

2. 分相模型

分相模型把气相和液相作为单独相进行处理，主要分为以分液相折算系数和分气相折算系数为基础的模型以及以全液相折算系数和全气相折算系数为基础的模型。以分液相折算系数和分气相折算系数为基础的模型如式（7-1）～式（7-5）所示。

以 L-M 模型为基础，Martinelli 等[22]把 L-M 模型应用范围扩展到从大气压到临界压力的汽水混合器，提出了以全液相折算系数和全气相折算系数为基础的M-N 模型，如式（7-25）～式（7-28）所示。

$$\phi_{\mathrm{Wo}}{}^{2}=\left(\frac{\Delta P}{\Delta L}\right)_{\mathrm{tp}}\bigg/\left(\frac{\Delta P}{\Delta L}\right)_{\mathrm{Wo}} \tag{7-25}$$

式中：ϕ_{Wo} 为全液相折算系数；$\left(\dfrac{\Delta P}{\Delta L}\right)_{\mathrm{tp}}$ 为两相压降梯度，Pa/m；$\left(\dfrac{\Delta P}{\Delta L}\right)_{\mathrm{Wo}}$ 为混合物全为液相时的摩擦压降梯度，Pa/m。

$$\phi_{\mathrm{Go}}{}^{2}=\left(\frac{\Delta P}{\Delta L}\right)_{\mathrm{tp}}\bigg/\left(\frac{\Delta P}{\Delta L}\right)_{\mathrm{Go}} \tag{7-26}$$

式中：ϕ_{Go} 为全气相折算系数；$\left(\dfrac{\Delta P}{\Delta L}\right)_{\mathrm{Go}}$ 为混合物全为气相时的摩擦压降梯度，Pa/m。

$$\left(\frac{\Delta P}{\Delta L}\right)_{\mathrm{Wo}}=\frac{G_{\mathrm{tp}}{}^{2}}{2D\rho_{\mathrm{W}}}\lambda_{\mathrm{Wo}} \tag{7-27}$$

$$\left(\frac{\Delta P}{\Delta L}\right)_{\mathrm{Go}}=\frac{G_{\mathrm{tp}}{}^{2}}{2D\rho_{\mathrm{G}}}\lambda_{\mathrm{Go}} \tag{7-28}$$

式中：λ_{Wo} 和 λ_{Go} 分别为全液相和全气相摩擦阻力系数，λ_{Wo} 和 λ_{Go} 可用式（7-15）计算，采用气相和液相对应的物性参数。

不同学者针对管道尺寸和工质的不同提出了不同的分相模型系数计算公式，见表 7-4。

表 7-4　分相模型计算公式

模型	计算公式
Chisholm 模型[2]	$\phi_{\mathrm{w}}{}^{2}=1+\dfrac{C}{X}+\dfrac{1}{X^{2}}$，$C_{\mathrm{vv}}$=5，$C_{\mathrm{tv}}$=10，$C_{\mathrm{vt}}$=12，$C_{\mathrm{tt}}$=20
米希马-日匹 （Mishima-Hibiki）模型[23]	$\phi_{\mathrm{w}}{}^{2}=1+\dfrac{C}{X}+\dfrac{1}{X^{2}}$，$C=21\left[1-\exp(-0.319D)\right]$，$D$ 的单位取 mm
李-李（Lee-Lee）模型[24]	$\phi_{\mathrm{w}}{}^{2}=1+\dfrac{C}{X}+\dfrac{1}{X^{2}}$，$\psi=\dfrac{\mu_{\mathrm{w}}J_{\mathrm{w}}}{\sigma}$，$\lambda=\dfrac{\mu_{\mathrm{w}}^{2}}{\rho_{\mathrm{w}}\sigma D}$，$C_{\mathrm{vv}}=6.833\times10^{-8}\lambda^{-1.317}\psi^{0.719}Re_{\mathrm{Wo}}{}^{0.557}$， $C_{\mathrm{tv}}=3.627Re_{\mathrm{Wo}}{}^{0.174}$，$C_{\mathrm{vt}}=6.85\times10^{-2}Re_{\mathrm{Wo}}{}^{0.726}$，$C_{\mathrm{tt}}=6.85\times10^{-2}Re_{\mathrm{Wo}}{}^{0.451}$

续表

模型	计算公式
米亚尔（Miyara）模型[25]	$\phi_G^2 = 1 + CX_{tt}^n + X_{tt}^2$，$C = 21\left[1 - \exp\left(-0.28Bo^{0.5}\right)\right]\left[1 - 0.9\exp\left(-0.02Fr^{1.5}\right)\right]$ $Bo = \dfrac{gD^2\left(\rho_w - \rho_G\right)}{\sigma}$　$Fr = \dfrac{G}{\sqrt{gD\rho_G\left(\rho_w - \rho_G\right)}}$　$n = 1 - 0.7\exp\left(-0.08Fr\right)$
Sun-Mishima 模型[3]	$\phi_w^2 = 1 + \dfrac{C}{X^{1.19}} + \dfrac{1}{X^2}$，$C = 1.79\left(\dfrac{Re_G}{Re_w}\right)^{0.4}\left(\dfrac{1}{x} - 1\right)^{0.5}$
张（Zhang）模型[26]	$\phi_w^2 = 1 + \dfrac{C}{X^{1.19}} + \dfrac{1}{X^2}$，$C = 21\left[1 - \exp\left(-0.674/La\right)\right]$，$La = \sqrt{\sigma/g\left(\rho_w - \rho_G\right)}/D$
Chisholm 模型[27]	$\phi_{Wo}^2 = 1 + \left(Y^2 - 1\right)\left\{B\left[x(1-x)\right]^{0.875} + x^{1.75}\right\}$　$Y^2 = \dfrac{(\Delta P/\Delta L)_{Go}}{(\Delta P/\Delta L)_{Wo}}$ 如果 $0 < Y \leqslant 9.5$，$B = \begin{cases} 55/G_{tp}^{0.5} & G_{tp} \geqslant 1900\text{kg}/(\text{m}^2\cdot\text{s}) \\ 2400 & 500 < G_{tp} < 1900\text{kg}/(\text{m}^2\cdot\text{s}) \\ 4.8 & G_{tp} \leqslant 500\text{kg}/(\text{m}^2\cdot\text{s}) \end{cases}$ 如果 $9.5 < Y < 28$，$B = \begin{cases} 520/\left(YG_{tp}^{0.5}\right) & G_{tp} \leqslant 600\text{kg}/(\text{m}^2\cdot\text{s}) \\ 21/Y & G_{tp} > 600\text{kg}/(\text{m}^2\cdot\text{s}) \end{cases}$ 如果 $28 < Y$，$B = 15000/\left(Y^2G_{tp}^{0.5}\right)$
弗里德尔（Friedel）模型（一）[28]	$\phi_{Wo}^2 = (1-x)^2 + x^2\dfrac{\rho_w f_{Go}}{\rho_G f_{Wo}} + \dfrac{5.7x^{0.78}(1-x)^{0.22}}{Fr_{tp}^{0.045}We_{tp}^{0.035}}\left(\dfrac{\rho_w}{\rho_G}\right)^{0.91}\left(\dfrac{\mu_G}{\mu_w}\right)^{0.19}\left(1 - \dfrac{\mu_G}{\mu_w}\right)^{0.7}$ $Fr_{tp} = \dfrac{G_{tp}^2}{gD\rho_{tp}^2}$，$We_{tp} = \dfrac{G_{tp}^2 D}{\rho_{tp}\sigma}$
Friedel 模型（二）[29]	$\phi_{Wo}^2 = (1-x)^2 + x^2\dfrac{\rho_w f_{Go}}{\rho_G f_{Wo}} + \dfrac{5.7x^{0.7}(1-x)^{0.14}}{Fr_{tp}^{0.09}We_{tp}^{0.007}}\left(\dfrac{\rho_w}{\rho_G}\right)^{0.85}\left(\dfrac{\mu_G}{\mu_w}\right)^{0.36}\left(1 - \dfrac{\mu_G}{\mu_w}\right)^{0.2}$
Müller-Steinhagen 模型[4]	$\phi_{Wo}^2 = Y^2x^3 + (1-x)^{0.33}\left[1 + 2x\left(Y^2 - 1\right)\right]$
Cavallini 模型[30]	$\phi_{Wo}^2 = (1-x)^2 + x^2\dfrac{\rho_w f_{Go}}{\rho_G f_{Wo}} + \dfrac{1.262x^{0.6978}}{We_{Go}^{0.1458}}\left(\dfrac{\rho_w}{\rho_G}\right)^{0.3278}\left(\dfrac{\mu_G}{\mu_w}\right)^{-1.181}\left(1 - \dfrac{\mu_G}{\mu_w}\right)^{3.477}$ $We_{Go} = \dfrac{G_{tp}^2 D}{\rho_G\sigma}$
许-范（Xu-Fang）模型[31]	$\phi_{Wo}^2 = \left\{Y^2x^3 + (1-x)^{0.33}\left[1 + 2x\left(Y^2 - 1\right)\right]\right\}\left[1 + 1.54(1-x)^{0.5}La\right]$

3. 模型适用性评价

采用平均相对误差对模型的正确性进行评价。试验测量了不同工况下 579 组数据并计算摩擦压降，包括 46 组泡状流、374 组弹状流、111 组搅混流和 48 组环状流。对表 7-3 和表 7-4 中所列模型分别计算 MARD，见表 7-5 和表 7-6。

表 7-5 均相模型计算 MARD （单位：%）

模型	弹状流	泡状流	搅混流	环状流	误差
McAdams 模型[9]	65.95	40.74	49.66	31.89	50.55
Davidson 模型[15]	72.59	46.27	64.34	56.35	63.42
Akers 模型[16]	65.39	40.43	47.64	27.60	48.79
Cicchitti 模型[17]	64.76	40.13	45.12	21.22	46.46
Dukler 模型[10]	72.38	−63.55	64.40	53.95	62.62
Beattie-Whalley 模型[11]	65.79	38.02	54.24	43.16	53.98
Lin 模型[18]	64.88	40.16	45.97	24.82	47.44
Fourar-Bories 模型[19]	70.42	43.92	59.85	47.86	59.22
García 模型[20]	72.59	46.27	64.34	56.35	63.42
Awad-Muzychka 模型[12]（定义 3）	64.77	40.14	45.17	21.39	46.52
Awad-Muzychka 模型[12]（定义 4）	65.20	40.34	46.92	26.01	48.15
Shannak 模型[21]	64.44	39.95	44.50	23.55	46.43

表 7-6 分相模型计算 MARD （单位：%）

模型	弹状流	泡状流	搅混流	层状流	误差
Chisholm 模型[2]	68.48	41.75	54.52	40.65	54.91
Mishima-Hibiki 模型[23]	65.09	37.81	52.77	38.11	53.44
Lee-Lee 模型[24]	78.04	48.25	80.52	80.48	76.17
Miyara 模型[25]	65.27	28.12	57.01	48.156	54.74
Sun-Mishima 模型[3]	75.79	51.24	70.40	61.85	68.46
Zhang 模型[26]	72.91	49.43	61.60	43.02	60.59
Chisholm 模型[27]	61.68	35.33	46.49	23.71	46.05
Friedel 模型（一）[28]	21.84	36.74	37.05	57.38	35.82
Friedel 模型（二）[29]	38.05	9.55	30.57	30.094	87.54
Müller-Steinhagen 模型[4]	58.56	37.28	60.25	258.99	52.33
Cavallini 模型[30]	47.01	24.44	35.51	21.59	35.39
Xu-Fang 模型[31]	61.41	31.40	42.68	22.02	43.55

从高速摄影仪记录的结果可以看出虽然在起伏振动下管内流型发生了变化，甚至出现了新的中间过渡流型，但是新流型只发生在某些振动条件下。为了研究方便，认为起伏振动下垂直管和倾斜上升管的流型依然划分为弹状流、泡状流、搅混流和环状流。从表 7-5 和表 7-6 中可以看出所列模型有 24 种模型总的绝对误差都超出了 30%，相对较低的有 Friedel 模型（一）[28] 和 Cavallini 模型[30]，绝对误差在 35%左右，而均相模型总误差都超出了 45%，说明现有模型并不适用于低频高幅振动气液两相流摩擦压降的计算。

从流型角度来说，弹状流的计算误差最大，普遍在 60%左右，这是因为弹状流出现在气相和液相流速相对较小的区域，在振动附加力的作用下气相和液相内部发生强烈的相互作用，摩擦压降与静止管道相比变化较大。泡状流中大多数模型的计算误差在40%，其中分相模型中 Friedel 模型（二）[29]的误差最小，为 9.5%，均相模型的误差普遍较高，这说明振动对气相的分布影响较大，在振动时由于附加力的作用导致气相和液相流速不等，更接近于分相模型假设。此外，泡状流在液相流速大时出现，此时起伏振动对摩擦压降的影响较小。

搅混流误差也较大，仅有 Friedel 模型（二）[29]的预测误差在 30%左右，这是因为搅混流出现在气相折算速度和液相折算速度相对较小的区域，液相受振动附加力的作用比较明显，导致摩擦压降与静止管道相比有较大程度变化。环状流中 Cicchitti 模型[17]、Lin 模型[18]、Awad-Muzychka 模型（定义 3）[12]、Chisolm 模型[27]、Cavallini 模型[30]和 Xu-Fang 模型[31]都在 25%以内，说明起伏振动对环状流摩擦压降的影响也比较小，原因与泡状流类似。

从对不同流型摩擦压降计算误差可以看出，预测误差和振动附加力在气相和液相的作用效果直接相关。因此，在后续研究中必须考虑振动附加力的作用。

以倾角 90°、管径 25mm 为例，分别选择计算精确度较高的三种均相模型和三种分相模型，分析不同振动频率和振幅时的预测误差，见表 7-7。总体来看，6 种模型的预测误差基本随着振动频率和振幅的增大而增大。这说明现有的计算模型对轻微振动有较好的适用性，随着振动加剧，现有模型不再适用。这是因为随着振动频率和振幅的增大，振动附加力随之增大，这意味着气液相间作用力更加明显，摩擦压降发生明显变化。

表 7-7　现有模型在不同振动频率和振幅时的预测误差

模型	预测误差%										
	0.21Hz			0.42Hz			0.7Hz			0.98Hz	
	100mm	150mm	180mm	100mm	150mm	180mm	100mm	150mm	180mm	100mm	150mm
Cicchitti 模型[17]	40.6	43.82	42.63	43.06	45.71	46.47	52.1	45.55	43.19	40.59	46.49
Awad-Muzychka 模型[12]（定义 3）	40.64	43.85	42.68	43.13	45.77	46.53	52.15	45.61	43.23	40.64	46.55
Shannak 模型[21]	41.12	43.91	42.87	43.7	45.74	46.5	51.83	45.61	43.26	41.15	46.57
Friedel 模型[28]	45.47	42.3	38.23	42.64	34.31	31.17	28.5	42.48	38.46	47.05	38.84
Cavallini 模型[30]	30.91	34.52	32.43	34.27	35.1	37.46	41.5	35.64	33.62	32.15	37.67
Xu-Fang 模型[31]	39.22	42.21	40.59	41.33	43.09	44.21	49.26	43.09	40.54	38.77	44.23

7.3.2　试验参数对摩擦压降的影响

起伏振动下摩擦压降的变化会受到振动参数、管径和倾角的影响，本部分采用预测误差最小的 Cavallini 模型[30]对不同振动参数、管径和倾角下摩擦压降的计算误差进行分析，探讨不同因素对摩擦压降的影响。

1. 起伏振动对摩擦压降的影响

为了分析起伏振动对摩擦压降的影响，以振幅为 150mm 为例，对比了静止管道和起伏振动管道不同气相和液相折算速度下的摩擦压降，结果如图 7-18 所示。由图 7-18 可知，大多数情况下起伏振动会导致摩擦压降的增大。

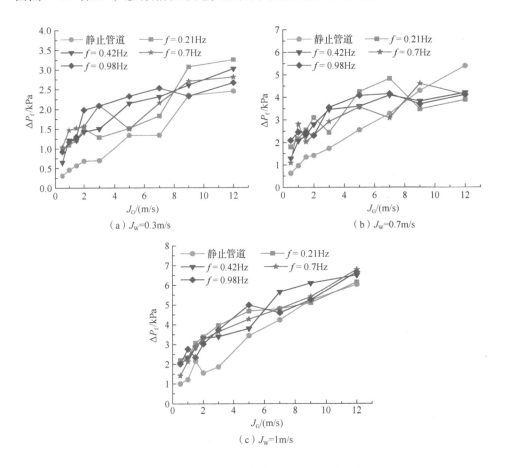

（a）J_W=0.3m/s

（b）J_W=0.7m/s

（c）J_W=1m/s

图 7-18　静止管道和起伏振动下的摩擦压降

为了评价起伏振动对摩擦压降的影响，定义了平均增加率（I_A），即

$$I_A = \frac{1}{n} \sum_{i=1}^{n} \left(\frac{\Delta P_{fv} - \Delta P_{fs}}{\Delta P_{fs}} \right) \tag{7-29}$$

图 7-18 中不同振动工况下的平均增加率结果见表 7-8。从表 7-8 中可以看出，与静止管道相比，起伏振动下摩擦压降的平均增加率最大超过了 2 倍。此外，平均增加率明显受到振动和流动参数的影响。在低液相折算速度下，平均增加率随着振动频率的增大而增大。然而在大液相折算速度下随着振动频率的改变，平均增加率无明显变化。

表 7-8　图 7-18 中数据的平均增加率

J_W/(m/s)	平均增加率			
	0.21Hz	0.42Hz	0.7Hz	0.98Hz
0.3	0.879	0.864	1.17	1.153
0.7	0.695	0.576	0.516	0.759
1	0.516	0.481	0.456	0.492

在周云龙等[32]对高频低幅起伏振动摩擦压降研究中也发现了类似的规律。起伏振动导致摩擦压降增大的原因主要有两点：一是振动附加力会增大流体微团和壁面的作用效果，导致流体微团和管壁间的摩擦力增大；二是振动附加力会增强气液相间作用，导致气液相间滑移效果更加明显，甚至出现气相在液相中穿梭的现象。这也说明了对起伏振动下气液两相流摩擦压降研究的必要性。

2. 振动参数对摩擦压降的影响

管径 25mm、倾角 90°下四种频率不同振幅的摩擦压降误差分布如图 7-19 所示。由图 7-19 可知当摩擦压降较低时，大多数误差都在-50%以外，当摩擦压降较大时，大多数误差都在±30%以内。这是因为摩擦压降较低时，气液折算速度都比较小，流动基本处于弹状流和搅混流，且以弹状流为主。一方面，气液折算速度小，流体流动的驱动力较小，起伏振动产生的附加作用力对气液两相的影响较大；另一方面，弹状流中存在完整的气弹，在受到交变附加力的作用下，气弹在液相中穿梭，增加了气液相间作用力，进而增大了能量耗散，使得摩擦压降明显增加。正是由于该原因，当摩擦压降较低时，预测误差大多数为负值。

不同振动频率下振幅的改变对摩擦压降预测误差的影响基本一致，大体来说，随着振幅的增大，±30%和±50%误差所占比例越小，特别是振幅从 100mm 增加到 150mm，该比例明显减小。这说明振幅越大，振动对摩擦压降的影响越大。

管径 25mm、倾角 90°下三种振幅不同振动频率的摩擦压降误差分布如图 7-20 所示，结果表明振动频率对摩擦压降的影响与振幅类似。大体来说，随着振动频

率的增加，误差在±30%和±50%以内所占比例减小，以 A=100mm 为例，振动频率为 0.21Hz 时，误差在±30%以内占比为 42.8%，误差在±50%以内占比为 77.1%；振动频率为 0.7Hz 时，误差在±30%以内占比为 25%，误差在±50%以内占比为 64.2%。

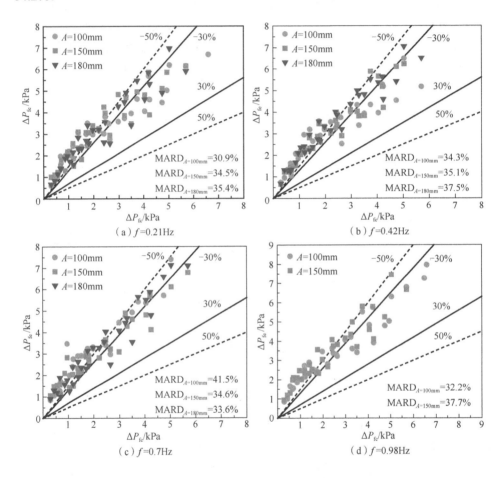

图 7-19　不同振幅的模型摩擦压降预测误差分布

为了评价振动参数对摩擦压降的影响程度，定义平均绝对敏感系数（CS_{AA}），即

$$CS_{AA} = \frac{1}{n}\sum_{i=1}^{n}\left|\frac{\left(DV_1 - DV_2\right)\big/DV_1}{\left(IV_1 - IV_2\right)\big/IV_1}\right| \tag{7-30}$$

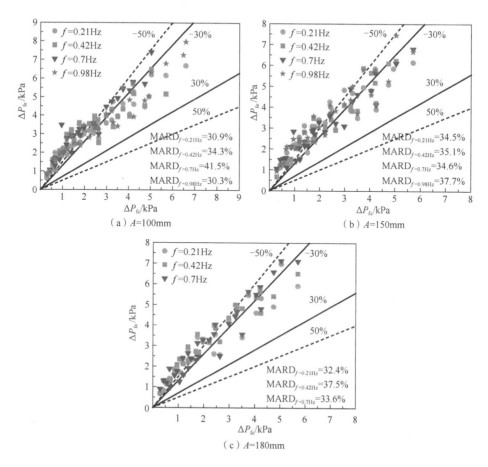

图 7-20　不同振动频率的摩擦压降误差分布

计算结果显示，MARD 对振幅的平均绝对敏感系数为 0.224，对振动频率的平均绝对敏感系数为 0.209，表明振幅对摩擦压降有更加显著的影响。分析原因是当振动频率不变时，振幅的增大导致同方向附加力的作用时间增大，对流动产生的影响更加明显。在金光远[14]的研究中也得出了类似的结论。

3. 管径对摩擦压降的影响

不同管径下的模型预测误差分布如图 7-21 所示。从图 7-21 中可以明显看出随着管径的增大，摩擦压降的预测误差明显增大，特别是误差±50%的占比。以 f=0.98Hz、A=100mm、θ=90°为例，当管径为 15mm 时，误差±50%所占比例高达 87%，而管径为 25mm 时，误差±50%所占比例为 62.9%。

众所周知，浮力是气泡在重力作用下的体积力。起伏振动相当于在重力场的基础上增加了加速度场，因此气泡所受的振动附加力也可以认为是一种体积力。起伏振动相当于在原有重力场的基础上附加一个交变的附加力场，根据弗劳德数定义起伏振动下的弗劳德数，管径增大，惯性力与等效重力的比值减小，附加作用力的作用效果越明显，使得摩擦压降变化越大。

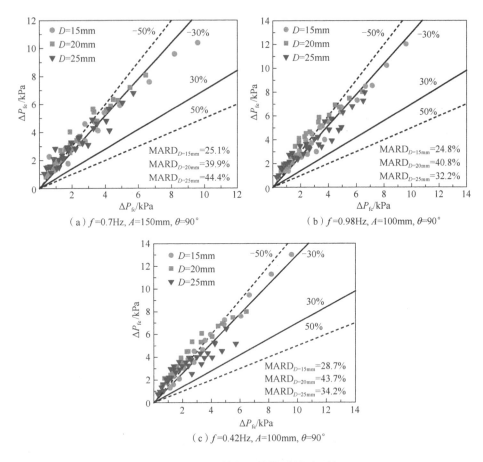

（a）f=0.7Hz，A=150mm，θ=90°　　　　　　（b）f=0.98Hz，A=100mm，θ=90°

（c）f=0.42Hz，A=100mm，θ=90°

图 7-21　不同管径下的模型预测误差

4. 倾角对摩擦压降的影响

不同倾角的摩擦压降预测误差分布如图 7-22 所示，从图 7-22 中可以看出，在 30°范围内，倾角的改变对摩擦压降的影响较小，误差基本都在-30%之外。这说明虽然倾角需要作为变量考虑到摩擦压降的计算中，但是可以适当减少其他角度的数据，以 90°倾角数据为主得到的关系式仍然适用于 30°范围内的其他角度。因此，在后续的公式拟合时虽然采用 485 个 90°倾角的数据，采用 94 个 60°、70°和 80°的数据，但结果依然是可靠的。

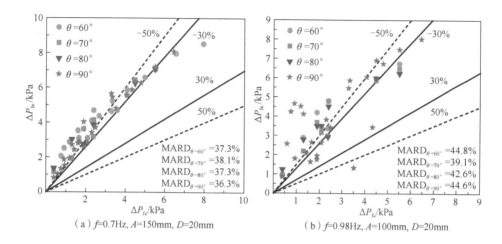

（a）f=0.7Hz, A=150mm, D=20mm　　（b）f=0.98Hz, A=100mm, D=20mm

图 7-22　不同倾角的摩擦压降预测误差分布

7.3.3　摩擦压降计算模型

从上述对现有摩擦压降计算模型的验证可以看出，相对于均相模型来说，分相模型计算误差较低，特别是 Friedel 模型[28]和 Cavallini 模型[30]为最低，考虑到本书研究对象为低压气-水两相流，以 L-M 模型[1]和 Chisholm 模型[2]为基础建立起伏振动摩擦压降计算模型。L-M 模型必须基于一点假设，即两相之间无外力作用。然而在起伏振动下，由于交变附加力的作用，气相会在液相中上下穿梭，气相和液相之间有较强的相互作用，此时原有分相模型的假设不成立。

Yao 等[33]在垂直下降管摩擦压降的研究中考虑了浮力的作用，在原有分相模型的基础上增加了浮力引起的压降，建立了垂直下降管的摩擦压降计算模型，预测准确度大幅度提高。这说明虽然分相模型不适用于气液两相有相互作用的情况，但是可以在原有模型的基础上增加相间作用力对模型进行改进，这种方法是行之有效的。结合式 L-M 模型以及 Chisholm 模型可得

$$\left(\frac{\Delta P}{\Delta L}\right)_{\text{tp}} = \left(\frac{\Delta P}{\Delta L}\right)_{\text{W}} + \left(\frac{\Delta P}{\Delta L}\right)_{\text{G}} + C\sqrt{\left(\frac{\Delta P}{\Delta L}\right)_{\text{W}} \times \left(\frac{\Delta P}{\Delta L}\right)_{\text{G}}} \qquad (7\text{-}31)$$

式（7-31）说明两相压降由分液相压降、分气相压降和相间作用压降组成，C 反映气相和液相作用的程度。在起伏振动下气相和液相之间受到附加力的影响，相当于增大了气相和液相作用的程度。考虑附加力对相间作用压降的影响，式（7-31）变为

$$\left(\frac{\Delta P}{\Delta L}\right)_{\text{tp}} = \left(\frac{\Delta P}{\Delta L}\right)_{\text{W}} + \left(\frac{\Delta P}{\Delta L}\right)_{\text{G}} + (C+O)\sqrt{\left(\frac{\Delta P}{\Delta L}\right)_{\text{W}} \times \left(\frac{\Delta P}{\Delta L}\right)_{\text{G}}} \qquad (7\text{-}32)$$

式中：$O\sqrt{\left(\dfrac{\Delta P}{\Delta L}\right)_{W} \times \left(\dfrac{\Delta P}{\Delta L}\right)_{G}}$ 为振动附加力引起的压降。

起伏振动下分液相折算系数可表示为

$$\phi_{ow}^2 = 1 + \frac{C+O}{X} + \frac{1}{X^2} \tag{7-33}$$

尽管 Chisholm 模型存在一定的误差，依然可以把误差当作 O 的一部分，那么 O 就可以用试验得到的液相折算系数和 Chisholm 模型的液相折算系数计算得到，即

$$O = X[(\phi_W^2)_{exp} - (\phi_W^2)_{Chisholm}] \tag{7-34}$$

式中：X 和 $(\phi_W^2)_{Chisholm}$ 可以用 Chisholm 模型根据试验工况参数计算得到；$(\phi_W^2)_{exp}$ 可以用 Chisholm 模型根据试验测量的摩擦压降计算。

以管径 25mm、倾角 90° 为例，不同振幅和频率下 ϕ_{ow}^2 和 X 的关系如图 7-23 所示。从图中可以明显看出在不同振幅和频率下 ϕ_{ow}^2 与 Chisholm 模型得出的 ϕ_W^2 相比有所增大，说明起伏振动下摩擦压降与静止管道相比更大，这也和前部分分析得到的结论一致。特别是在 X 较小的情况下，ϕ_{ow}^2 与 ϕ_W^2 差别很大，随着 X 的增大，两者的差别逐渐缩小，最后基本保持一致。这是因为 X^2 是分液相压降和分气相压降的比值，X 小代表气相质量流速大，液相质量流速小，此时气相含量较多，容易受到振动附加力的影响。

由上述分析可知起伏振动附加作用力对摩擦压降的影响主要体现在弹状流、搅混流和环状流，并且主要集中在弹状流和搅混流。搅混流是弹状流向环状流的过渡流型，可以认为是弹状流的延续。因此，本节以弹状流进行受力分析，研究振动附加力和摩擦压降的关系。

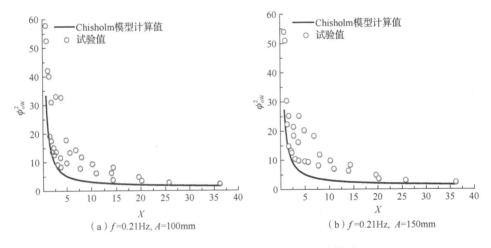

(a) $f=0.21$Hz, $A=100$mm

(b) $f=0.21$Hz, $A=150$mm

图 7-23　不同振幅和频率下 ϕ_{ow}^2 和 X 的关系

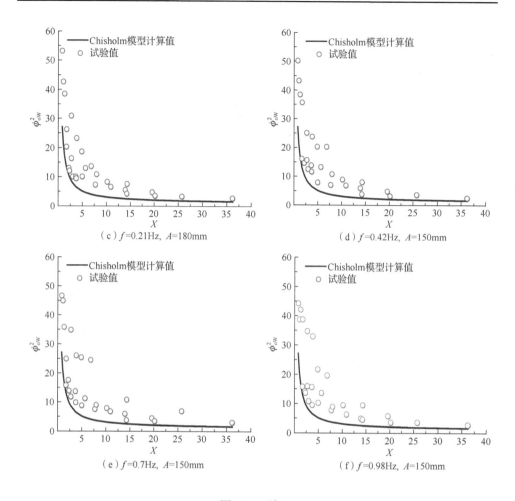

（c）f=0.21Hz, A=180mm

（d）f=0.42Hz, A=150mm

（e）f=0.7Hz, A=150mm

（f）f=0.98Hz, A=150mm

图 7-23（续）

　　假设管内存在一个理想的气弹，在起伏振动下其受力分析如图 7-24 所示。图中 v_W 和 v_G 分别代表液相和气相的速度。在起伏振动下，气弹会受到 6 个力，分别是浮力 F_b、曳力 F_d、表面张力、黏性力、附加作用力 F_{zd} 以及垂直于壁面的正压力 F_p。由于本书研究对象是空气和水，且管径最小为 15mm，因此可以忽略表面张力和黏性力。

　　气弹在水中所受浮力为

$$F_b = (\rho_W - \rho_G)g\frac{1}{6}R_s\pi D_s^3 \qquad (7\text{-}35)$$

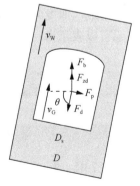

图 7-24　起伏振动下理想弹状流
受力分析

式中：D_s 为气弹尾部宽度，m；R_s 为气弹体积与和直径为气弹尾部宽度的球体积之比。

浮力是气弹在水中由于重力的作用排开一定体积的水导致的，根源是重力场的存在。起伏振动相当于在重力场的基础上增加了一个大小和方向可变的作用力场，因此可以类比浮力的公式给出气弹所受附加作用力的公式，加速度采用有效值，即

$$F_{zd} = (\rho_W - \rho_G) a_e \frac{1}{6} R_s \pi D_s^3 \tag{7-36}$$

由于本节研究的振动工况范围内加速度最大为 5.89，小于重力加速度，因此曳力的方向始终与浮力相反，即

$$F_d = \frac{1}{2} R_d \rho_W (v_W - v_G)^2 D_s^2 \tag{7-37}$$

假设气弹在管道内处于平衡状态，此时气弹在流动方向上受力平衡，即

$$(F_d + F_{zd}) \sin\theta = F_d \tag{7-38}$$

考虑到浮力和附加力都是由于力场的存在引起的，并且表达式中只有力场引起的加速度不一致，将浮力和附加力用场力 F_f 表示，即

$$F_f = (\rho_W - \rho_G)(g + a_e) \frac{1}{6} R_s \pi D_s^3 \tag{7-39}$$

式（7-38）变为

$$F_f \sin\theta = F_d \tag{7-40}$$

从式（7-36）可以看出附加作用力和气弹的体积成正比，因此附加作用力引起的压降也和气弹的体积成正比。而受到管道尺寸的限制，气弹的直径最大为管道直径，也就是说随着气弹体积的增大，式（7-37）中的曳力系数和气弹直径可以看作常数。即曳力和 $(v_W-v_G)^2$ 成正比。因此 O、F_{zd}、F_f、F_d 和 $(v_W - v_G)^2$ 之间的关系可以表示为

$$O \propto F_{zd} \propto F_r \propto F_d \propto (v_W - v_G)^2 \tag{7-41}$$

将式（7-37）、式（7-39）和式（7-40）合并，得

$$(v_W - v_G)^2 = \frac{R_s \pi}{3R_d}(g + a_e) D_s \sin\theta \left(1 - \frac{\rho_G}{\rho_W}\right) \tag{7-42}$$

联立式（7-41）和式（7-42）得

$$O \propto \frac{R_s \pi}{3R_d}(g + a_e) D_s \sin\theta \left(1 - \frac{\rho_G}{\rho_W}\right) \tag{7-43}$$

假设 $D_s=ND$，N 为 D_s 和 D 之间的比例系数，令 $k = \dfrac{NR_s\pi}{3R_d}$，式（7-43）变为

$$O \propto k\left(g + a_e\right) D\sin\theta\left(1 - \frac{\rho_G}{\rho_w}\right) \qquad (7\text{-}44)$$

由图 7-23 分析可知 X 越大，ϕ_{ow}^2 与 ϕ_w^2 差别越小，即起伏振动对摩擦压降的影响随着 X 的增大而减小。因此，O 与气液两相流速成反比，可以用式（7-45）表示：

$$O \propto k\frac{\left(g + a_e\right) D}{\left(J_w + J_G\right)^2}\sin\theta\left(1 - \frac{\rho_G}{\rho_w}\right) = kk_1 \qquad (7\text{-}45)$$

O 和 k_1 的关系如图 7-25 所示。从图中可以看出两者近似成指数关系，对大量试验数据进行拟合，得出 O 和 k_1 的关系式如式（7-46）所示。该关系式的适用范围为 0.3m/s≤J_g≤15m/s，0.3m/s≤J_w≤m/s，100mm≤A≤180mm，0.21Hz≤f≤0.98Hz，60°≤θ≤90°，15mm≤D≤25mm，振动方式为单一振动模式。

$$O = 209.8\frac{\left(g + a_e\right) D}{\left(J_w + J_G\right)^2}\sin\theta\left(1 - \frac{\rho_G}{\rho_w}\right)^{0.4327} \qquad (7\text{-}46)$$

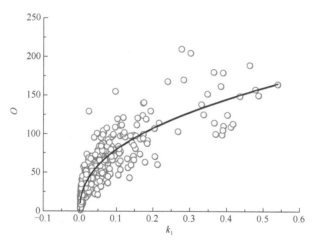

图 7-25　O 和 k_1 的关系

新建立的适用于低频高幅起伏振动的垂直和大角度倾斜上升管气液两相流摩擦压降计算模型为

$$\phi_{ow}^2 = 1 + \frac{C + O}{X} + \frac{1}{X^2}, O = 209.8\frac{\left(g + a_e\right) D}{\left(J_w + J_G\right)^2}\sin\theta\left(1 - \frac{\rho_G}{\rho_w}\right)^{0.4327} \qquad (7\text{-}47)$$

新建模型摩擦压降的预测结果与试验结果对比如图 7-26 所示。从图 7-26 中

可以看出大部分误差在±10%范围内，绝大部分误差都在±20%以内。对每种流型和全部数据的误差绝对值进行计算，结果表明，弹状流误差为14.55%，泡状流误差为11.93%，搅混流误差为14.25%，环状流误差为16.46%，总误差为14.41%，说明该模型对所有流型摩擦压降均能进行比较准确的计算，与现有模型相比，准确度大幅度提高。

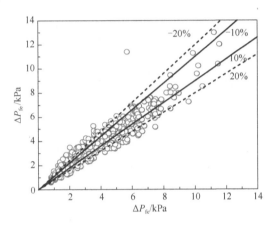

图 7-26　新建模型预测误差分布

不同振幅、频率和倾角下新建模型的预测误差分布如图 7-27 所示。由图 7-27 可知，虽然在不同振幅、频率和倾角下新建模型的预测误差有所变化，但是误差基本都在 20%以内，这表明新建模型对不同的振幅、频率和倾角下摩擦压降的计算均有较好的适用性。

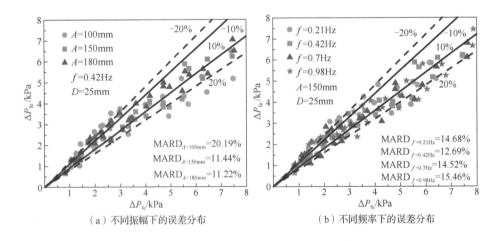

（a）不同振幅下的误差分布　　　　　　（b）不同频率下的误差分布

图 7-27　在不同振幅、频率和倾角下新建模型的预测误差分布

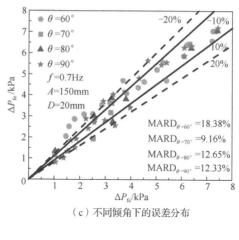

（c）不同倾角下的误差分布

图 7-27（续）

7.4　小　　结

本章对高频低幅振动水平管、倾斜上升管和低频高幅振动大角度倾斜和垂直上升管气液两相流摩擦压降特性进行系统研究。对于高频低幅振动水平管，分析了起伏振动对摩擦压降的影响规律，评价了几种摩擦压降计算模型的适用性，主要结论如下。

（1）振动参数的增加加剧了瞬时摩擦压降的波动程度，而平均摩擦压降低 10% 左右，且振动频率的影响效果大于振幅。与稳定状态工况相似，Re 与摩擦阻力系数成反比。

（2）通过比较稳定状态工况下相关摩擦压降关联式的预测能力，可知 Müller 提出的预测模型可以很好地预测动态工况下的摩擦压降。Re 对动态和稳定状态下的平均摩擦压降都有显著的正向影响。

对于高频低幅振动倾斜上升管，揭示了振动、流动和管道参数对摩擦压降的影响规律，建立了适用于高频低幅起伏振动的气液两相流摩擦压降计算模型，主要结论如下。

（1）起伏振动状态下气液两相流的摩擦压降呈周期性波动，且波动频率与振动频率一致，摩擦压降平均值较静止状态大。

（2）平均摩擦压降随 Re 的增大而减小，随振幅和振动频率的增大而增大，且振幅对其影响比较单一，规律变化更明显。相同起伏振动条件下，Re 越大，振动摩擦阻力系数的平均值和波动范围越小；振动摩擦阻力系数与倾角成反比。对于单相流动，管径对振动摩擦阻力系数的影响较复杂，当管径从 15mm 增至 20mm

时，振动摩擦阻力系数平均值显著增大；当管径从 20mm 增至 30mm 时，振动摩擦阻力系数平均值降低。

（3）采用量纲分析法，基于大量试验数据，建立了适用于高频低幅振动的倾斜上升管气液两相流摩擦压降计算模型，摩擦压降预测准确度大幅度提高。

对于低频高幅振动大角度倾斜和垂直上升管，研究了低频高幅起伏振动垂直和倾斜上升管内气液两相流摩擦压降特性，采用试验数据对目前常见的 24 种气液两相摩擦压降计算模型进行验证，发现现有模型在计算起伏振动气液两相流摩擦压降中误差较大。基于 Chisholm 模型建立了适用于起伏振动垂直和倾斜上升管的气液两相流摩擦压降计算模型，采用试验数据验证，结果表明计算准确度大幅度提高。主要结论如下。

（1）现有的 24 种摩擦压降计算模型对起伏振动气液两相流摩擦压降计算不适用，所有模型总的绝对误差都超出了 30%，相对较低的有 Friedel 模型和 Cavallini 模型，在 35%左右，而均相模型总误差都超出了 45%。从流型角度来说，不同模型适用的流型有所区别，Friedel 模型对弹状流摩擦压降的计算绝对误差最低，为 21.84%，Friedel 模型对泡状流和搅浑流摩擦压降的计算绝对误差最低，分别为 9.55%和 30%，Cicchitti 模型环状流摩擦压降的计算绝对误差最低，为 21.22%。

（2）低频高幅振动使得垂直和倾斜上升管气液两相流摩擦压降大幅度增大，与静止状态相比，增幅高达 100%。摩擦压降的变化幅度随振幅、频率和管径的增大而增大，30°范围内倾角的改变对摩擦压降无明显影响。

（3）在原有摩擦压降的基础上引入附加摩擦压降，改进了分液相折算系数的表达式。通过受力分析，结合实验数据提出了适用于起伏振动垂直和倾斜上升管气液两相流摩擦压降计算模型，以试验数据进行验证，总的计算误差绝对值为 14.41%。

参 考 文 献

[1] Lockhart R W, Martinelli R C. Proposed correlation of data for isothermal two-phase, two-component flow in pipes[J]. Chemical Engineering Progress, 1949, 45: 39-48.

[2] Chisholm D. A theoretical basis for the Lockhart-Martinelli correlation for two-phase flow[J]. International Journal of Heat and Mass Transfer, 1967, 10(12): 1767-1778.

[3] Sun L C, Mishima K. Evaluation analysis of prediction methods for two-phase flow pressure drop in mini-channels[J]. International Journal of Multiphase Flow, 2009, 35(1): 47-54.

[4] Müller-Steinhagen H, Heck K. A simple friction pressure drop correlation for two-phase flow in pipes[J]. Chemical Engineering Processing: Process Intensification, 1986, 20(6): 297-308.

[5] Akagawa K. The flow of the mixture of air and water: III. The friction drops in horizontal, inclined and vertical tubes[J]. Transactions of Japan Society Mechanical Engineering, 1957, 23(128): 292-298.

[6] Posaada C, Waltrich P J. Effect of forced flow oscillations on churn and annular flow in a long vertical tube[J]. Experimental Thermal and Fluid Science, 2017, 81: 345-357.

[7] Okawa T, Goto T, Yamagoe Y. Liquid film behavior in annular two-phase flow under flow oscillation conditions[J]. International Journal of Heat and Mass Transfer, 2010, 53(5): 962-971.

[8] Hazuku T, Takamasa T, Matsumoto Y. Experimental study on axial development of liquid film in vertical upward annular two-phase flow[J]. International Journal of Multiphase Flow, 2008, 34(2): 111-127.

[9] McAdams W H, Wood W K, Bryan R L. Vaporization inside horizontal tubes-Ⅱ- benzene-oil mixture[J]. Trans ASME, 1942, 64: 193-200.

[10] Duckler A E, Wicks M, Cleveland R G. Pressure drop and hold-up in two phase flow[J]. AIChE Journal, 1964, 10(1): 38-51.

[11] Beattie D R H, Whalley P B. A simple two-phase flow frictional pressure drop calculation method[J]. International Journal of Multiphase Flow, 1982, 8(1): 83-87.

[12] Awad M M, Muzychka Y S. Effcetive property models for homogeneous two phase flow[J]. Experimental Thermal and Fluid Science, 2008, 33(1): 106-113.

[13] 高璞珍, 庞凤阁, 王兆祥. 核动力装置一回路冷却剂受海洋条件影响的数学模型[J]. 哈尔滨工程大学学报, 1997(1): 24-27.

[14] 金光远. 摇摆对矩形通道内两相流动阻力特性影响的研究[D]. 哈尔滨: 哈尔滨工程大学, 2014.

[15] Davidson W F, Hardie P H, Humphreys C G R, et al. Studies of heat transmission through boiler tubing at pressures from 500-3300 pounds[J]. Trans ASME, 1943, 65: 553-591.

[16] Akers W W, Deans H A, Crosser O K. Condensation heat transfer within horizontal tubes[J]. Chemical Engineering Progress, 1959, 55: 171-176.

[17] Cicchitti A, Lombardi C, Silvestri M, et al. Two-phase cooling experiments: pressure drop, heat transfer and burnout measurements[J]. Energia Nuclear, 1960, 7: 407-425.

[18] Lin S, Kwok C C K, Li R Y, et al. Local frictional pressure drop during vaporization of R12 through capillary tubes[J]. International Journal of Multiphase Flow, 1991, 17(1): 95-102.

[19] Fourar M, Bories S. Experimental study of air-water two-phase flow through a fracture (narrow channel)[J]. International Journal of Multiphase Flow, 1995, 21(4): 621-637.

[20] García F, García J M, García R, et al. Friction factor improved correlations for laminar and turbulent gas-liquid flow in horizontal pipelines[J]. International Journal of Multiphase Flow, 2007, 33(12): 1320-1336.

[21] Shannak B A. Frictional pressure drop of gas liquid two-phase flow in pipes[J]. Nuclear Engineering & Design, 2008, 238(12): 3277-3284.

[22] Martinelli R C, Nelson D B. Prediction of pressure drop during forced-circulation boiling of water[J]. Trans ASME, 1948, 70: 695-702.

[23] Mishima K, Hibiki T. Some Characteristics of air-water two-phase flow in small diameter vertical tubes[J]. International Journal of Multiphase Flow, 1996, 22(4): 703-712.

[24] Lee H J, Lee S Y. Pressure drop correlations for two-phase flow within horizontal rectangular channels with small heights[J]. International Journal of Multiphase Flow, 2001, 27(5): 783-796.

[25] Miyara A, Kuwahara K, Koyama S. Correlation of frictional pressure loss of two-phase flow including effects of tube diameter and mass velocity[J]//The Japan Society of Mechanical Engineers, 2004, 57: 117-118.

[26] Zhang W, Hibiki T, Mishima K. Correlations of Ttwo-phase frictional pressure drop and void fraction in mini-channel[J]. International Journal of Heat and Mass Transfer, 2010, 53(1): 453-465.

[27] Chisholm D. Pressure gradients due to friction during the flow of evaporating two-phase mixtures in smooth tubes and channels[J]. International Journal of Heat and Mass Transfer, 1973, 16(2): 347-358.

[28] Friedel L. Improved friction pressure drop correlation for horizontal and vertical two-phase pipe flow[J]. Proceeding of European Two-Phase Flow Group Meetting, 1979, 18(2): 485-491.

[29] Friedel L. Two phase frictional pressure drop correlation for vertical downflow[J]. German Chemical Engineering, 1985, 8: 32-40.

[30] Cavallini A, Censi G, Col D D, et al. Condensation of halogenated refrigerants inside smooth tubes[J]. HVAC & R Research, 2002, 8(4): 429-451.

[31] Xu Y, Fang X D. A new correlation of two-phase frictional pressure drop for evaporating flow in pipes[J]. International Journal of Refrigeration, 2012, 35(7): 2039-2050.

[32] 周云龙, 李珊珊. 起伏振动状态下倾斜管内两相流多尺度熵分析[J]. 化工学报, 2018, 69(5): 1884-1891.

[33] Yao C, Li H X, Xue Y Q, et al. Investigation on the frictional pressure drop of gas liquid two-phase flows in vertical downward tubes[J]. International Communication in Heat and Mass Transfer, 2018, 91: 138-149.

第8章　振动状态下气液两相流含气率特性

含气率是气液两相流的一个关键参数，反映了系统内气液两相份额，对气液两相流的流动和传热特性有重要影响。起伏振动产生的附加力会导致气液两相分布发生改变，并且会改变气液两相漂移速度，进而导致截面含气率发生变化。本章对高频低幅振动水平管和低频高幅振动垂直管含气率特性进行研究，分析起伏振动对含气率的影响规律，评价现有含气率计算模型的适用性，建立适用于起伏振动的含气率计算关系式。

8.1　高频低幅振动水平管含气率特性

采用高频低幅振动试验台结合气液两相流试验系统对高频低幅振动水平管气液两相流含气率特性进行研究，振动频率为5Hz、8Hz和10Hz，振幅为2mm、5mm和8mm，气相折算速度为0.1～15m/s，液相折算速度为0.1～2.5m/s，流型涵盖常见所有流型范围。

8.1.1　起伏振动对平均含气率的影响

如图 8-1 所示，平均含气率随气液两相速度比的增大而增大。环状流的含气率最高，泡状流最低，环状流含气率几乎是恒定的。如图 8-1（b）所示，随振动参数的增加，当气液比大于 0.6 时，含气率急剧上升。在弹状−波状流中也可观察到类似变化，随振动参数增大，波状流含气率呈非线性急剧增大，而其他流态的含气率则呈线性增大。

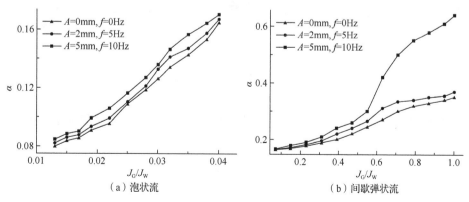

（a）泡状流　　　　　　　　　（b）间歇弹状流

图 8-1　不同流型的平均含气率分布

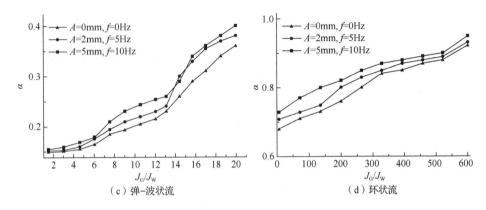

（c）弹-波状流　　　　　　　　　（d）环状流

图 8-1（续）

8.1.2　经验公式对比

目前，现有的稳定状态含气率计算模型或关联式能否准确预测动态工况下水平通道内气液两相流动的含气率仍需进一步探讨。因此，该部分将现有适用于本书工况的相关预测模型与模拟结果进行了比较。

Woldesemayat 等[1]经过研究发现针对气液两相流动主要有三种经典含气率预测模型。

1. $K\text{-}\beta$ 模型

这种模型以均相模型为基础，认为截面含气率是体积含气率的函数，即

$$\alpha = f(\beta) \tag{8-1}$$

2. 滑速比模型

在气液两相流动中气相会受到浮力的作用，导致气液两相的实际流速有所差别。滑速比模型考虑了气液两相的速度差，认为气相和液相以两个不同的速度流动，将气相和液相的速度之比定义为滑速比，这种模型的截面含气率计算公式为

$$\alpha = \cfrac{1}{1 + \left(\cfrac{1-x}{x}\right)\left(\cfrac{\rho_G}{\rho_W}\right)S} \tag{8-2}$$

滑速比是质量含液率与质量含气率之比、气相液相密度之比和液相气相动力黏度之比的函数，即

$$S = A\left(\frac{1-x}{x}\right)^{o}\left(\frac{\rho_G}{\rho_W}\right)^{p}\left(\frac{\mu_W}{\mu_G}\right)^{q} \tag{8-3}$$

由式（8-2）和式（8-3）可以得出滑速比模型截面含气率的统一形式计算模型，即

$$\alpha = \cfrac{1}{1 + A_1\left(\cfrac{1-x}{x}\right)^{A_2}\left(\cfrac{\rho_G}{\rho_W}\right)^{A_3}\left(\cfrac{\mu_W}{\mu_G}\right)^{A_4}} \tag{8-4}$$

3. 漂移通量模型

在实际的气液两相流动中，气液两相分布情况始终在改变，且气液两相的流速也不统一，这就意味着实际的气液两相流动同时存在变密度和滑移两种效应，早先也有学者考虑这两种效应提出了一些模型，如 Nicklin[2]。Zuber 等[3]在 1965 年正式提出漂移通量模型，定义了分布系数和漂移速度，该模型为

$$\alpha = \cfrac{J_G}{C_0\left(J_G + J_W\right) + U_{gm}} \tag{8-5}$$

式中：C_0 为分布系数；U_{gm} 为漂移速度，m/s。

基于上述模型的含气率预测关联式，现有相关文献已经进行了大量报道。根据已有研究结果，基于本书所采用几何模型及试验工况，针对上述三种典型含气率模型的最佳预测关联式见表 8-1。

表 8-1　基于三种含气率模型的最佳预测关联式

模型	最佳预测关联式
西野（Nishino）模型[4]	$\alpha = 1 - \left(\dfrac{1-x}{x}\dfrac{\rho_G}{\rho_W}\beta\right)^{0.5}$
佐普（Czop）模型[5]	$\alpha = 1.097\beta - 0.285$
洛克哈特（Lockhart）模型[6]	$\alpha = \left[1 + 0.28\left(\dfrac{1-x}{x}\right)^{0.64}\left(\dfrac{\rho_G}{\rho_W}\right)^{0.64}\left(\dfrac{\mu_W}{\mu_G}\right)^{0.07}\right]^{-1}$
斯佩丁（Spedding）模型[7]	$\alpha = \left[1 + 0.18\left(\dfrac{1-x}{x}\right)^{0.6}\left(\dfrac{\rho_G}{\rho_W}\right)^{0.33}\left(\dfrac{\mu_W}{\mu_G}\right)^{0.07}\right]^{-1}$
陈（Chen）模型[8]	$\alpha = \left[1 + 2.22\left(\dfrac{1-x}{x}\right)^{0.65}\left(\dfrac{\rho_G}{\rho_W}\right)^{0.65}\right]^{-1}$
迪克斯（Dix）模型[9]	$\alpha = J_G \left/ \left\{ J_G\left[1 + \left(\dfrac{J_W}{J_G}\right)^{\left(\frac{\rho_W}{\rho_G}\right)^{0.1}}\right] + 2.9\left[\dfrac{g\sigma(\rho_W - \rho_G)}{\rho_W^2}\right]^{0.25} \right\}\right.$
乔伊特（Jowitt）模型[10]	$\alpha = J_G \left/ \left\{ \left[1 + 0.796\exp\left(-0.061\sqrt{\dfrac{\rho_W}{\rho_G}}\right)\right](J_G + J_W) + 0.034\left(\sqrt{\dfrac{\rho_W}{\rho_G}} - 1\right) \right\}\right.$

图 8-2 显示了模拟计算所得含气率值与表 8-1 中所列经典模型计算值的对比结果，表 8-2 给出了各关联式对含气率预测性能的统计结果。

表 8-2　基于三种关联式的含气率误差

模型	误差范围内数据点总数量/%								
	A=0mm，f=0Hz(+20%)			A=2mm，f=5Hz(+20%)			A=5mm，f=10Hz(+35%)		
	0≤α≤0.3	0.3<α≤0.6	0.6<α≤1	0≤α≤0.3	0.3<α≤0.6	0.6<α≤1	0≤α≤0.3	0.3<α≤0.6	0.6<α≤1
Nishino 模型[4]	85	68	94.5	54	35	86	24	56	95
Czop 模型[5]	71	76	95.6	60	51	91	36	54	99
Lockhart 模型[6]	86	52	71	11	8	65	0	16	100
Spedding 模型[7]	96	62	80	15	68	89	40	20	100
Chen 模型[8]	78	82	91	6	49	82	30	48	
Dix 模型[9]	87	83	91	76	100	94			
Jowitt 模型[10]	98	75	96	85	80	61			

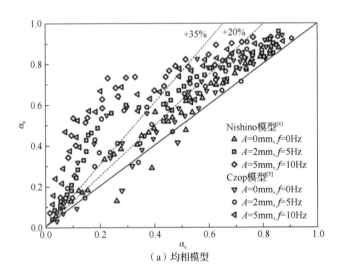

（a）均相模型

图 8-2　含气率预测值比较

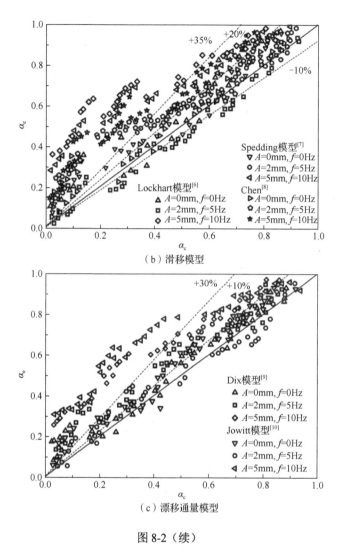

（b）滑移模型

（c）漂移通量模型

图 8-2（续）

　　稳定状态下，尤其是对含气率在 0≤α<0.3 的范围内，所有经验关联式均可以合理预测起伏振动工况下通道内气液两相流的含气率，且基于漂移通量模型提出的关联式对含气率的预测效果较好。对于 A=2mm、f=5Hz 的振动工况，当含气率范围在 0<α<0.6 之间时，基于均相模型和滑移模型建立的关联式预测值与计算值偏差较为明显。在误差范围为 20% 的情况下，只能预测出 10% 左右的含气率值。振动参数进一步增大时，现有关联式均无法准确预测含气率。Lockhart 和 Martinelli[6] 所提出的关联式只能在 35% 的误差范围内预测试验数据点的 16%。

当含气率小于 0.6 时，基于漂移通量模型的经验关联式对低振动参数通道具有较好的预测能力。当含气率大于 0.6 时，即使在高振动参数下，所有关联式预测结果的误差都在合理范围内。最好的预测模型是由 Dix[9]提出的漂移通量模型。从这些结果可以看出，振动参数较高的情况下，现有关联式均不适用。由此可以看出，传统的预测稳定状态通道含气率的方法不适用于起伏振动。

含气率是气液两相流质量分数的函数，与流体的密度和动态黏度有关。因此，对于起伏振动水平通道内的流体流动，有必要寻找一种可以准确预测含气率的方法。该部分基于已有研究成果，从流型角度出发，对含气率关联式进行对比。

对于泡状流和弹状流，Xia 等[11]所做研究表明液体弗劳德数 Fr_W 可定义为

$$Fr_W = J_W^2/(gD) \tag{8-6}$$

适用于预测泡状流和弹状流含气率的关联式为

$$\alpha = 0.158\left(\frac{J_G}{J_W}\right)\left(\frac{1}{Fr_W^{0.5}}\right) \tag{8-7}$$

$$\alpha = 0.302\left(\frac{J_G}{J_W}\right)^{0.2}\left(\frac{1}{Fr_W^{0.1}}\right) \tag{8-8}$$

对于波状流，假设其相界面分布是具有理想弧度的凹界面[12]，含气率可由 Hart 等[13]等提出的关联式计算得到，表示如下：

$$\alpha = \left\{1 + \frac{J_W}{J_G}\left[1 + \left(108Re_W^{-0.726}\frac{\rho_W}{\rho_G}\right)\right]^{0.5}\right\}^{-1} \tag{8-9}$$

$$Re_W = \frac{\rho_W J_W D}{\mu_W}, Fr = \frac{\rho_W J_W^2}{g(\rho_W - \rho_G)D} \tag{8-10}$$

对于环状流，上述几种基于典型模型提出的关联式均可以很好地预测真实值。在此基础上，Ahn 等[14]根据液膜厚度提出了一种简化的关联式，即

$$\alpha = (1 - 2\delta/D)^2 \tag{8-11}$$

本节将四种典型流型的完整数据与含气率的相关关联式计算值进行了比较，图 8-3 对比了两种不同振动参数和不同气相流速下含气率的真实值和预测值。

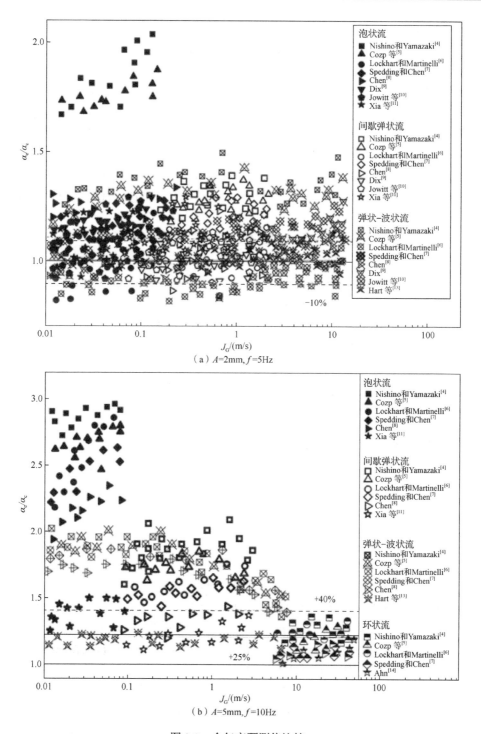

（a）A=2mm, f=5Hz

（b）A=5mm, f=10Hz

图 8-3　含气率预测值比较

从图 8-3 可以看出，在高振动频率和振幅的工况下，基于流型提出的含气率预测模型与试验结果吻合较好。对于泡状流和弹状流，在 10% 的误差范围内，关联式可以准确预测 84% 的试验数据。对于环状流，Ahn 等[14]提出的基于液膜厚度的关联式也显著提高了预测准确率。对于波状流，Hart 等[13]提出的预测模型可以在 10% 的误差范围内预测 45% 的试验数据。需要指出的是，高振动参数的起伏振动对流体流动特性有较大的影响。因此，对于气相流量较大的弹状流和波状流，误差相对较大，这可以归结为流型发生了转变。

总的来说，基于流型提出的关联式能够较好地预测剧烈起伏振动工况下水平通道内气液两相流动的含气率。值得注意的是，其预测值往往低于试验值。

8.2　低频高幅振动垂直上升管含气率特性

本节控制低频高幅振动试验台以振动频率 0.21Hz、0.42Hz、0.7Hz 和 0.98Hz，振幅 50mm、100mm、150mm 和 180mm 做正弦振动，对 25mm 垂直上升管气液两相流含气率进行研究，采用快关阀法测量了平均截面含气率，分析了起伏振动频率和振幅对截面含气率的影响规律，评价了目前常用的 $K\text{-}\beta$ 模型、滑速比模型、漂移通量模型和经验公式模型在起伏振动垂直上升管截面含气率计算中的适用性，在现有模型基础上进行修正，提出了适用于起伏振动的含气率计算模型，提高了含气率的计算准确度。

8.2.1　起伏振动对含气率的影响

改变振动频率和振幅，对不同气相和液相折算速度下，管径为 25mm 的垂直管内气液两相流含气率进行测量。为了衡量起伏振动对含气率的影响，定义含气率变化率 α^* 为

$$\alpha^* = \frac{\alpha_v - \alpha_s}{\alpha_s} \tag{8-12}$$

式中：α_v 为振动管道内含气率；α_s 为静止管道内含气率。

虽然在第 6 章中研究得出起伏振动垂直管中出现了混合流和停滞流两种新的流型，但是这两种新流型并非在所有振动工况下都出现，并且两种流型所占的区域相对较小。混合流是弹状流和泡状流的混合，可以认为是弹状流和泡状流的过渡区域，为了研究方便，本书认为只要试验段内存在气弹就是弹状流，将混合流划分到弹状流中。而停滞流出现在高气相折算速度和低液相折算速度的工况下，且具备环状流的流动特征，只不过在原有环状流的基础上出现了液环，因此把停滞流依然划分到环状流中。为了后续研究方便，依然认为起伏振动下垂直和大角度倾斜上升管内存在四种流型，即弹状流、泡状流、搅混流和环状流。

不同振动工况下含气率变化率如图 8-4 所示。由图 8-4 可知，起伏振动对含气率的影响和流型有很大关系。当流型为泡状流时，大部分含气率变化率大于 0，即起伏振动使泡状流含气率增大，且这种趋势在气相折算速度小的情况下尤为明显。这是因为泡状流出现在气相折算速度小且液相折算速度较大的工况下，此时气相以小气泡形式存在于管道内。当受到与运动方向相反的振动附加力的作用时，气泡的运动受阻，小气泡聚合变成大气泡，而液相折算速度较大，振动对液相的运动无明显影响，最终使得含气率增大。Xiao 等[15]同样对起伏振动泡状流的气泡行为进行了研究并得出了类似的结论。他们也发现与静止管道相比，起伏振动下泡状流的含气率有所增加，最大增幅超过了 10%，并且在折算速度低时对含气率的影响比较明显。

当流型为弹状流、搅混流和环状流时，含气率变化率小于 0 的工况占比较多，表明起伏振动使得弹状流、搅混流和环状流的含气率降低，且随着气相折算速度的增大，含气率变化率逐渐趋近于 0，当流型为环状流时，起伏振动对含气率的影响较小。振动附加力和振动加速度有关，从根源上可以认为是一个类似重力的场力，因此振动附加力值和受力对象的质量有关。气相密度和液相密度相比很小，可以忽略不计，可以认为振动附加力对气液两相流的影响主要体现在对液相的影响。当流型为弹状流和搅混流时，气相和液相折算速度相对较小，流动的驱动力也较小，此时振动附加力对液相的运动有明显的阻碍作用，导致管内液相占比增大，含气率减小。当流型为环状流时，液相在振动附加力的作用下出现了短暂的停滞效果，使得含气率减小。计算不同流型下的含气率变化率绝对值的平均值，泡状流为 0.1293，弹状流为 0.0627，搅混流为 0.0574，环状流为 0.0529。这表明起伏振动对泡状流含气率影响最为显著，对弹状流、搅混流和环状流的影响较弱。

为了分析振动参数对含气率的影响程度，在不同振动工况下对含气率变化率的绝对值大于 0.1 的工况进行标记，如图 8-5 所示。由图 8-5 可知，当 $J_w=0.3\text{m/s}$ 时，有效振动工况主要出现在低频率和大振幅工况下，在频率为 0.7Hz 时仅有一个数据点，而当频率为 0.98Hz 时不存在有效振动工况。此时有效振动工况对应的流型均为弹状流，管道内存在的是比较稳定的 Taylor 气弹，离散存在于液相中的气泡很少，需要较大的振动附加力，且同向的附加力要持续作用足够长时间才能使得气弹结构发生破坏。随着振动频率的增大，振动附加力增大，但是相同方向的附加力作用时间变短，其作用效果不足以破坏气弹结构，因此主要在低频大振幅情况下存在有效振动工况。对于该液相折算速度下的搅混流和环状流，气相比例远大于液相，而气相密度远小于液相密度，几乎不受振动附加力的影响，因此在试验振动参数范围内不存在有效振动工况。随着 J_w 的增大，有效振动工况数量逐渐增多，且分布在不同的振动工况下。这是因为随着液相折算速度的增大，气相主要以小气弹或者小气泡的形式存在，此时振动附加力在气弹的破碎和气泡聚合中起到明显的作用，因此，有效振动工况变多且分布比较宽泛。

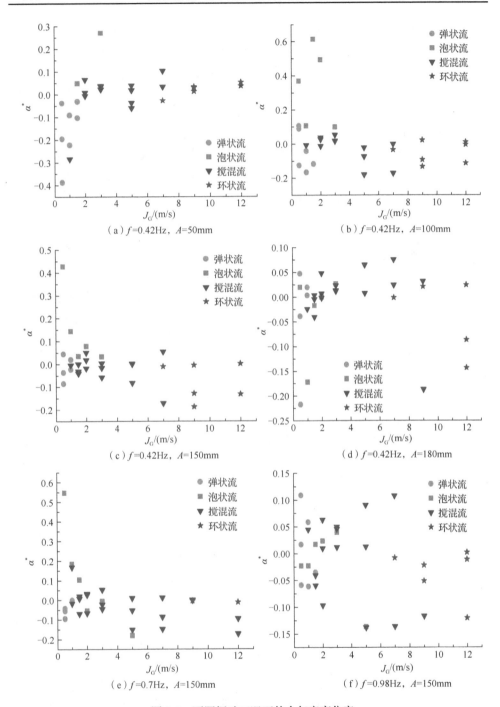

图 8-4　不同振动工况下的含气率变化率

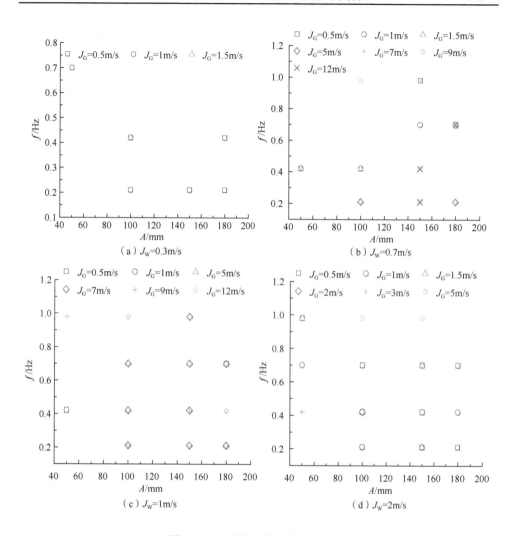

图 8-5　*A-f* 坐标下的有效振动工况

8.2.2　现有含气率计算模型评价

截面含气率和气液两相运动速度有直接关系，此外还受到其他因素的共同作用，是一个随时间变化的量，并且具有热力学不平衡特点，其计算非常复杂。经过几十年的发展，众多学者对不同管道和工质的截面含气率进行了大量的研究，建立了一系列的截面含气率计算模型。目前常用的主要有 *K-β* 模型、滑速比模型、漂移通量模型和经验公式模型。本节列举了适用于本书研究对象的含气率计算模型共计 34 种，采用不同模型对起伏振动垂直管上升管含气率进行计算，对现有模型进行评价。

1. 截面含气率预测模型

本节对常见的 K-β 模型、滑速比模型、漂移通量模型和经验公式模型的适用性进行验证，其中前三种模型在 8.1 节已有介绍。此外，一些学者不以常规模型为基础，在大量试验数据的基础上建立了一些计算截面含气率的经验公式，称为经验公式模型。上述四种模型常见公式见表 8-3～表 8-6。

表 8-3　K-β 模型

模型	公式
阿曼德（Armand）模型[16]	$\alpha = 0.833\beta$
Nishino 模型[4]	$\alpha = 1 - \left(\dfrac{1-x}{x} \dfrac{\rho_G}{\rho_W} \beta \right)^{0.5}$
Greskovich 模型[17]	$\alpha = \left[1 + 0.671 \left(\dfrac{(\sin\theta)^{0.263}}{Fr^{0.5}} \right) \right]^{-1} \beta$
Chisholm 模型[18]	$\alpha = \dfrac{1}{\beta + (1-\beta)^{0.5}} \beta$
Czop 模型[5]	$\alpha = 1.097\beta - 0.285$
哈亚尔（Hajal）模型[19]	$\alpha = \dfrac{\beta - \alpha_{ra}}{\ln(\beta/\alpha_{ra})}$ $\alpha_{ra} = \dfrac{x}{\rho_G} \left\{ \left[1 + 0.12(1-x) \right] \left(\dfrac{x}{\rho_G} + \dfrac{1-x}{\rho_W} \right) + \dfrac{1.18(1-x) \left[g\sigma(\rho_W - \rho_G) \right]^{0.25}}{G\rho_W^{0.5}} \right\}^{-1}$

表 8-4　滑速比模型

模型	滑移参数
Lockhart 模型[6]	$A_1 = 0.28$，$A_2 = 0.64$，$A_3 = 0.36$，$A_4 = 0.07$
汤姆（Thom）模型[20]	$A_1 = 1$，$A_2 = 1$，$A_3 = 0.89$，$A_4 = 0.18$
齐维（Zivi）模型[21]	$A_1 = 1$，$A_2 = 1$，$A_3 = 0.67$，$A_4 = 0$
巴罗齐（Baroczy）模型[22]	$A_1 = 1$，$A_2 = 0.74$，$A_3 = 0.65$，$A_4 = 0.13$
史密斯（Smith）模型[23]	$A_1 = 0.4 + 0.6\sqrt{\left[\dfrac{\rho_W}{\rho_G} + 0.4\left(\dfrac{1-x}{x} \right) \right] \Big/ \left[1 + 0.4\left(\dfrac{1-x}{x} \right) \right]}$，$A_2 = 1$，$A_3 = 1$，$A_4 = 0$
Chisholm 模型[24]	$A_1 = \sqrt{1 - x\left(1 - \dfrac{\rho_W}{\rho_G} \right)}$，$A_2 = 1$，$A_3 = 1$，$A_4 = 0$
Spedding 模型[7]	$A_1 = 2.22$，$A_2 = 0.65$，$A_3 = 0.65$，$A_4 = 0$

续表

模型	滑移参数
Chen 模型[8]	$A_1=0.18$，$A_2=0.6$，$A_3=0.33$，$A_4=0.07$
哈梅尔马（Hamersma）模型[25]	$A_1=0.26$，$A_2=0.67$，$A_3=0.33$，$A_4=0$
佩塔拉兹（Petalaz）模型[26]	$A_1=0.735\left(\mu_{\mathrm{w}}^2 J_{\mathrm{G}}^2/\sigma^2\right)^{0.074}$，$A_2=-0.2$，$A_3=-0.126$，$A_4=0$

表 8-5　漂移通量模型

模型	公式
尼克林（Nicklin）模型[27]	$\alpha=J_{\mathrm{G}}\Big/\left[1.2(J_{\mathrm{G}}+J_{\mathrm{w}})+0.35\sqrt{gD}\right]$
休马克（Hughmark）模型[28]	$\alpha=J_{\mathrm{G}}\Big/\left[1.2(J_{\mathrm{G}}+J_{\mathrm{w}})\right]$
格雷戈里（Gregory）模型[29]	$\alpha=J_{\mathrm{G}}\Big/\left[1.19(J_{\mathrm{G}}+J_{\mathrm{w}})\right]$
鲁哈尼（Rouhani）模型[30]	$\alpha=\dfrac{x}{\rho_{\mathrm{G}}}\left[C_0\left(\dfrac{x}{\rho_{\mathrm{G}}}+\dfrac{1-x}{\rho_{\mathrm{w}}}\right)+\dfrac{U_{\mathrm{Gm}}}{G}\right]^{-1}$ $U_{\mathrm{Gm}}=\dfrac{1.18}{\sqrt{\rho_{\mathrm{w}}}}\left[g\sigma(\rho_{\mathrm{w}}-\rho_{\mathrm{G}})\right]^{0.25}$ 如果 $\alpha\leqslant 0.1$，$C_0=1+0.2(1-x)$ 如果 $\alpha\geqslant 0.1$，$C_0=1+0.2(1-x)(gD)^{0.25}\left(\dfrac{\rho_{\mathrm{w}}}{G}\right)^{0.5}$
博纳卡兹（Bonnecaze）模型[31]	$\alpha=J_{\mathrm{G}}\Big/\left[1.2(J_{\mathrm{G}}+J_{\mathrm{w}})+0.35\sqrt{gD}\left(1-\dfrac{\rho_{\mathrm{G}}}{\rho_{\mathrm{w}}}\right)\right]$
Dix 模型[9]	$\alpha=J_{\mathrm{G}}\Big/\left\{J_{\mathrm{G}}\left[1+\left(\dfrac{J_{\mathrm{w}}}{J_{\mathrm{G}}}\right)^{\left(\frac{\rho_{\mathrm{w}}}{\rho_{\mathrm{G}}}\right)^{0.1}}\right]+2.9\left[\dfrac{g\sigma(\rho_{\mathrm{w}}-\rho_{\mathrm{G}})}{\rho_{\mathrm{w}}^2}\right]^{0.25}\right\}$
马塔尔（Mattar）模型[32]	$\alpha=J_{\mathrm{G}}\Big/\left[1.3(J_{\mathrm{G}}+J_{\mathrm{w}})+0.7\right]$
格雷斯科维奇（Greskovich）模型[17]	$\alpha=J_{\mathrm{G}}\Big/\left[(J_{\mathrm{G}}+J_{\mathrm{w}})+0.71\sqrt{gD}\,(\sin\theta)^{0.263}\right]$
Jowitt 模型[10]	$\alpha=J_{\mathrm{G}}\Big/\left\{\left[1+0.796\exp\left(-0.061\sqrt{\dfrac{\rho_{\mathrm{w}}}{\rho_{\mathrm{G}}}}\right)\right](J_{\mathrm{G}}+J_{\mathrm{w}})+0.034\left(\sqrt{\dfrac{\rho_{\mathrm{w}}}{\rho_{\mathrm{G}}}}-1\right)\right\}$
Kokal 模型[33]	$\alpha=J_{\mathrm{G}}\Big/\left[1.2(J_{\mathrm{G}}+J_{\mathrm{w}})+0.345\sqrt{\dfrac{gD(\rho_{\mathrm{w}}-\rho_{\mathrm{G}})}{\rho_{\mathrm{w}}}}\right]$
巴斯申（Bestion）模型[34]	$\alpha=J_{\mathrm{G}}\Big/\left[(J_{\mathrm{G}}+J_{\mathrm{w}})+0.188\left(\sqrt{\dfrac{gD(\rho_{\mathrm{w}}-\rho_{\mathrm{G}})}{\rho_{\mathrm{G}}}}\right)^{0.5}\right]$

表 8-6　经验公式模型

模型	公式
斯特曼（Sterman）模型[35]	$\alpha=0.2\left[\dfrac{J_{G}^{4}\rho_{G}^{0.6}\left(\rho_{w}-\rho_{G}\right)^{0.4}}{g\sigma}\right]^{0.2}\left(\dfrac{d_{1}}{D}\right)^{0.25}$ $d_{1}=260\dfrac{\rho_{G}^{0.2}}{\left(\rho_{w}-\rho_{G}\right)^{0.7}}\left(\dfrac{\sigma}{g}\right)^{0.5}$，如果 $\dfrac{d_{1}}{D}>1$，则 $\dfrac{d_{1}}{D}=1$
弗拉尼根（Flanigan）模型[36]	$\alpha=1/\left(1+3.063J_{G}^{-1.006}\right)$
尼尔-班科夫（Neal-Bankoff）模型[37]	$\alpha=1.25\left(\dfrac{J_{G}}{J_{G}+J_{w}}\right)^{1.88}\left(\dfrac{J_{w}^{2}}{gD}\right)^{0.2}$
沃利斯（Wallis）模型[38]	$\alpha=\left(1+X_{tt}^{0.8}\right)^{-0.38}$，$X_{tt}=\left(\dfrac{1-x}{x}\right)^{0.9}\left(\dfrac{\rho_{G}}{\rho_{w}}\right)^{0.5}\left(\dfrac{\mu_{w}}{\mu_{G}}\right)^{0.1}$
哈克-洛思（Huq-Loth）模型[39]	$\alpha=1-\dfrac{2\left(1-x\right)^{2}}{1-2x+\left[1+4x\left(1-x\right)\left(\dfrac{\rho_{w}}{\rho_{G}}-1\right)\right]^{0.5}}$
格雷厄姆（Graham）模型[40]	$\alpha=\left(1+\dfrac{1}{Ft}+\dfrac{1}{X_{tt}}\right)^{-0.321}$，$Ft=\left[\dfrac{G^{2}x^{3}}{\left(1-x\right)\rho_{G}^{2}gD}\right]^{0.5}$
琼科利尼-托马斯（Cioncolini-Thome）模型[41]	$\alpha=\dfrac{hx^{n}}{1+\left(h-1\right)x^{n}}$，$h=-2.129+3.129\left(\dfrac{\rho_{G}}{\rho_{w}}\right)^{-0.2186}$，$n=0.3487+0.6513\left(\dfrac{\rho_{G}}{\rho_{w}}\right)^{0.515}$

2. 截面含气率预测结果评价

为了评价现有计算模型在起伏振动气液两相流截面含气率计算中的准确度，分别采用上述模型计算含气率，与试验测量得到的结果进行对比，选择平均相对误差（MARD）作为指标对现有模型的预测精度进行评估。

采用包含所有振动工况的 669 组数据对表 8-3～表 8-6 列出的 34 种模型进行评估，结果见表 8-7～表 8-10。从计算结果可以看出 K-β 模型中 Armand 模型[16]、Greskovich 模型[17]、Chisholm 模型[18]和 Hajal 模型[19]，滑速比模型中的 Smith 模型[23]、Chisholm 模型[24]和 Chen 模型[8]，漂移通量模型中的 Nicklin 模型[27]、Hughmark 模型[28]、Gregory 模型[29]、Rouhani 模型[30]、Bonnecaze 模型[31]、Mattar 模型[32]、Greskovich 模型[17]和 Jowitt 模型[10]以及经验公式模型的 Huq-Loth 模型[39]和 Cioncolini-Thome 模型[41]平均相对误差均在 15%以内。这表明常见的四类模型都能够比较准确地预测低频高幅振动下的含气率。

表 8-7　*K-β* 模型预测的 MARD　　　　　（单位：%）

模型	MARD				
	弹状流	泡状流	搅混流	环状流	总体
阿曼德（Armand）模型[16]	15	21.2	8.6	9.4	11.9
Nishino 模型[4]	34.8	27.9	18.6	9.2	23
Greskovich 模型[17]	15.6	27.5	10.3	10.7	13.7
Chisholm 模型[18]	16.2	19.5	9.9	7.5	12.4
Czop 模型[5]	37	59.3	16.4	11.4	26.3
Hajal 模型[19]	11.5	27.3	8.8	7.6	11.4

表 8-8　滑速比模型预测 MARD　　　　　（单位：%）

模型	MARD				
	弹状流	泡状流	搅混流	环状流	总体
Lockhart 模型[6]	37.7	21.8	24	13.1	26.2
Thom 模型[20]	51.3	55.6	25.3	6.7	33.5
Zivi 模型[21]	71.7	76.9	47.3	21	53.9
Baroczy 模型[22]	44.8	37.2	26.8	12.2	31.1
Smith 模型[23]	18.6	17.5	11.1	7.4	13.4
Chisholm 模型[24]	16.1	19.5	9.8	7.4	12.4
Spedding 模型[7]	34	17.1	20.9	10.8	22.9
Chen 模型[8]	18.1	18.2	12.2	7.8	13.9
Hamersma 模型[25]	38.9	25.2	24	12.3	26.8
Petalaz 模型[26]	42	181	15.9	23.6	42.5

　　从不同流型下含气率的计算结果可以看出，现有模型对弹状流、搅混流和环状流均有较好的预测效果，特别是搅混流和环状流的预测误差能达到 10%以下。这是因为当流型为搅混流和环状流时，气相含量较高而液相含量较低，特别是对于环状流，液膜在气芯的带动下沿壁面高速流动，起伏振动对其影响比较微弱。而泡状流下含气率的预测效果相对较差，仅有 Chisholm 模型[18]、Smith 模型[23]、Chisholm 模型[24]、Spedding 模型[7]、Chen 模型[8]、Dix 模型[9]、Neal-Bankoff 模型[37] 和 Huq-Loth 模型[39]几种模型的平均相对误差小于 20%但是都超过了 15%。相对来说，漂移通量模型中的 Gregory 模型[29]对各个流型以及总体含气率的预测结果比较准确。

表 8-9　漂移通量模型预测 MARD

模型	MARD				
	弹状流	泡状流	搅混流	环状流	总体
Nicklin 模型[27]	21	20.5	11.1	10.1	14.8
Hughmark 模型[28]	15	21.4	8.5	9.4	11.9
Gregory 模型[29]	14.4	21.8	8.1	9	11.5
Rouhani 模型[30]	19	20.9	10.1	9.6	13.8
Bonnecaze 模型[31]	21	20.5	11.1	10.1	14.8
Dix 模型[9]	41	19.2	22.3	17.1	26.6
Mattar 模型[32]	20.9	20.5	11	10.1	14.8
Greskovich 模型[17]	16.2	27.5	10.2	10.5	13.9
Jowitt 模型[10]	20.9	20.2	11.4	10.7	15
Kokal 模型[33]	40.5	20.1	18.6	11.4	24.1
Bestion 模型[34]	58.2	29	29.1	12.7	35.2

表 8-10　经验公式模型预测 MARD

模型	MARD				
	弹状流	泡状流	搅混流	环状流	总体
Sterman 模型[35]	37.1	67.3	73.1	179.2	77
Flanigan 模型[36]	58	23.5	27.9	14	34.2
Neal-Bankoff 模型[37]	25.4	16	20.6	14.4	20.6
Wallis 模型[38]	21.9	57.5	39.5	39.9	36.5
Huq-Loth 模型[39]	21	16.1	12.5	7.9	14.7
Graham 模型[40]	21.9	39.4	11.3	11.6	17.5
Cioncolini-Thome 模型[41]	8.7	55.6	8.5	8.6	13.7

在四类模型中各选取一种预测效果较好的模型，其不同流型下预测误差的分布如图 8-6 所示。由图 8-6 可知现有模型的预测结果分布和流型也有一定关系，对于泡状流，四种模型的预测结果普遍偏大，而对弹状流和搅混流含气率的预测结果普遍偏小，环状流的预测结果比较准确，Hajal 模型[19]的预测误差基本在-10%以内，其他三种则在 10%以内。出现不同模型预测效果不同的原因是起伏振动对不同流型下气液两相分布规律和滑移效果的影响存在差异性。

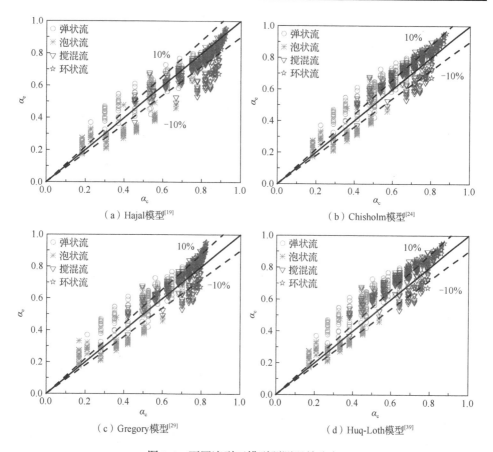

图 8-6　不同流型下模型预测误差分布

8.2.3　含气率计算模型

从现有模型的评价结果可以看出，现有模型对起伏振动搅混流和环状流的预测结果比较准确，如 Gregory 等[29]对两种流型下含气率的预测平均相对误差分别为 8.1% 和 9%，而该模型对于泡状流和弹状流的预测结果相对较差，后续将建立适用于这两种流型的含气率计算模型。

在静止管道中，影响气液两相分布和滑移的力主要是重力和惯性力，起伏振动下还会受到附加力的作用。蔡博[42]在水平矩形螺旋通道含气率的研究中对于含气率小于 0.5 的情况考虑了气相和液相折算速度比以及液相 Froude 数的影响，建立了含气率和气液相折算速度比以及液相 Froude 数的关系式，对低含气率工况下预测结果较好。定义振动状态下液相 Froude 数 Fr_{Wv} 为惯性力与场力的比值，其中场力包括重力场和加速度场，如式（8-13）所示。

$$Fr_{Wv} = \frac{J_W}{\sqrt{(g + a_e)D}} \qquad (8-13)$$

图 8-7 分别为泡状流和弹状流下截面含气率与无量纲参数$(J_W/J_G)/Fr_{Wv}$ 的关系，由图可以看出这两种流型下截面含气率可以认为是无量纲参数$(J_W/J_G)/Fr_{Wv}$ 的函数，定义如式（8-14）所示。

$$\alpha = m\left[\left(\frac{J_G}{J_W}\right)\left(\frac{1}{Fr_{Wv}}\right)\right]^n \tag{8-14}$$

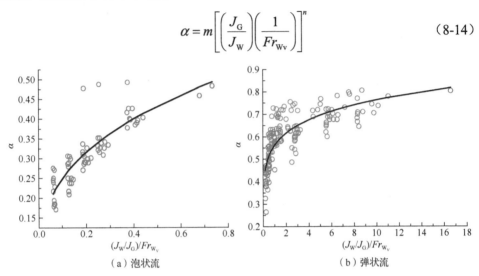

（a）泡状流　　　　　　　　　　　　（b）弹状流

图 8-7　泡状流和弹状流截面含气率和无量纲参数$(J_W/J_G)/Fr_{Wv}$ 的关系

通过对试验数据拟合，得出泡状流下 $m=0.548$，$n=0.344$；弹状流下 $m=0.56$，$n=0.134$。采用泡状流计算公式对弹状流、搅混流和环状流含气率进行预测，MARD 分别为 23.2%、38.9%和 86.3%，采用弹状流计算公式对泡状流、搅混流和环状流含气率进行预测，MARD 分别为 50.3%、7.6%和 7.7%。这说明以泡状流数据为基础建立的计算模型并不适用于其他三种流型，但是以弹状流数据为基础建立的计算模型可以适用于搅混流和环状流，且与现有模型相比预测结果更接近试验结果。这是因为起伏振动对泡状流含气率的影响最大，所以振动液相 Froude 数所占比重大，需要单独的计算模型。对于弹状流、搅混流和环状流，起伏振动对含气率的影响较小，振动液相 Froude 数所占比重较小，因此三者可以采用相同的计算模型，且由于考虑了振动的作用，因此预测误差较现有模型小。结合第 6 章得出的流型转变界限，起伏振动垂直上升管气液两相流含气率预测模型如下：

当流型为泡状流时

$$\alpha = 0.548\left[\left(\frac{J_G}{J_W}\right)\left(\frac{1}{Fr_{Wv}}\right)\right]^{0.344} \tag{8-15}$$

当流型为弹状流、搅混流或环状流时

$$\alpha = 0.56\left[\left(\frac{J_G}{J_W}\right)\left(\frac{1}{Fr_{Wv}}\right)\right]^{0.134} \tag{8-16}$$

　　该模型的适用范围为 $0.21\text{Hz} \leqslant f \leqslant 0.98\text{Hz}$，$50\text{mm} \leqslant A \leqslant 150\text{mm}$，$0.3\text{m/s} \leqslant J_G \leqslant 25\text{m/s}$，$0.1\text{m/s} \leqslant J_W \leqslant 2.5\text{m/s}$，振动方式为单一振动模式，试验数据和模型预测结果对比如图 8-8 所示。由图 8-8 可知修正后的模型在泡状流和弹状流区域内截面含气率的预测结果准确度有较大提高，大多数误差都在±10%以内。对不同流型的预测结果 MARD 进行计算，泡状流为 9.96%，弹状流为 8.94%，搅混流为 7.6%，环状流为 7.7%，总体为 8.26%，说明修正后的模型能够适用于起伏振动垂直上升管气液两相流截面含气率的计算。

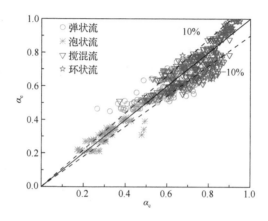

图 8-8　试验数据和模型预测结果对比

　　为了分析该模型在不同振动工况下的适用性，分别改变振幅和频率，计算误差的分布如图 8-9 所示。由图 8-9 可知，在不同振幅和频率下预测误差分布比较均匀，并且基本都在±10%以内，说明该模型对不同振幅和频率均有较好的适用性。

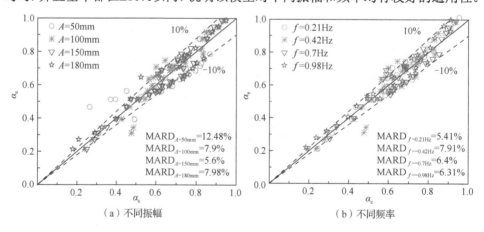

（a）不同振幅　　　　　　　　　　　（b）不同频率

图 8-9　不同振幅和频率下试验数据和模型预测结果对比

8.3 小 结

本章对高频低幅振动水平管和低频高幅振动垂直上升管内气液两相流含气率特性进行了相关研究。对于高频低幅振动水平管，分析了起伏振动对含气率的影响规律，评价了几种含气率计算模型的适用性，提出基于流型的含气率计算模型，主要结论如下。

（1）振动参数的改变对泡状流的含气率影响最小，对弹状流和波状流则有较为显著的影响。通过比较三种典型模型的含气率关联式，当振动参数较小时，漂移通量模型具有更好的预测效果。

（2）对于振动参数较高的起伏振动，经典空隙率关联式均不适用。而基于气液两相分布特性即流型所提出的空隙率关联式与含气率的真实值具有较好的一致性。

对于低频高幅振动垂直上升管，揭示了流动和振动参数对含气率的影响规律。评价了常见的四类共计 34 种含气率计算模型的适用性，针对常见模型对泡状流和弹状流含气率预测误差较大的现象，引入振动加速度的影响，建立了适用于低频高幅振动的垂直上升管气液两相流含气率计算模型。研究结果如下。

（1）起伏振动下含气率受到振动和流动参数的双重影响，起伏振动对含气率的影响规律取决于流型。当流型为泡状流时，起伏振动使含气率增大，且这种趋势在气相折算速度小的情况下尤为明显。当流型为弹状流、搅混流和环状流时，起伏振动使得含气率降低，且随着气相折算速度的增大，起伏振动对含气率的影响逐渐减弱，当流型为环状流时，起伏振动对含气率的影响较小。

（2）有效振动工况的数量和液相折算速度有密切关系。当液相折算速度较小时，有效振动工况的数量较少且出现在低振动频率和大振幅下，随着液相折算速度的增大，有效振动工况数量随之增多，且在所有振动频率和振幅下均有出现。

（3）常见的 K-β 模型、滑速比模型、漂移通量模型和经验公式模型整体上都能够对低频高幅起伏振动垂直上升管气液两相流含气率进行比较准确的预测，但是对泡状流和弹状流的预测精度有待提高。考虑振动加速度的作用，引入振动液相 Froude 数，对泡状流和弹状流的预测模型进行修正，建立了适用于低频高幅起伏振动垂直上升管气液两相流含气率计算模型。

参 考 文 献

[1] Woldesemayat M A, Ghajar A J. Comparison of void fraction correlations for different flow patterns in horizontal and upward inclined pipes[J]. International Journal of Multiphase Flow, 2007, 33(4): 347-370.

[2] Nicklin D J. Two-phase flow in vertical tubes[J]. Transactions of the Institution of Chemical Engineers, 1962, 40: 61-68.

[3] Zuber N, Findlay J A. Average volumetric concentration in two-phase flow systems[J]. Journal of Heat Transfer, 1965, 87(4): 453-468.

[4] Nishino H, Yamazaki Y. A new method of evaluating steam volume fractions in boiling systems[J]. Journal of Atomic Energy Society of Japan, 1963, 5(1): 39-46.

[5] Czop V, Barbier D, Dong S. Pressure drop, void fraction and shear stress measurements in an adiabatic two-phase flow in a coiled tube[J]. Nuclear Engineering Design, 1994, 149(1): 323-333.

[6] Lockhart R W, Martinelli R C. Proposed correlation of data for isothermal two-phase, two-component flow in pipes[J]. Chemical Engineering Progress, 1949, 45: 39-48.

[7] Spedding P L, Chen J J J. Holdup in two phase flow[J]. Internaional Journal of Multiphase Flow, 1984, 10(3): 307-339.

[8] Chen J J J. A further examination of void-fraction in annular two-phase flow[J]. International Journal of Heat and Mass Transfer, 1986, 29(11): 1760-1763.

[9] Dix G E. Vapor void fractions for forced convection with subcooled boiling at low flow rates[D]. Berkeley: University of California, 1971.

[10] Jowitt D, Cooper C A, Pearson K G. The thetis 80% blocked cluster experiments[M]. Oxford: UK Atomic Energy Authority, 1984: 45-47.

[11] Xia G D, Bo C, Cheng L X. Experimental study and modeling of average void fraction of gas-liquid two-phase flow in a helically coiled rectangular channel[J]. Experimental of Thermal Fluid Science, 2018, 94: 9-22.

[12] Biberg D. An explicit approximation for the wetted angle in two-phase stratified pipe flow[J]. The Canadian Journal of Chemical Engineering, 1999, 77(6): 1221-1224.

[13] Hart J, Hamersma P J, Fortuin J M H. Correlations predicting frictional pressure drop and liquid holdup during horizontal gas-liquid pipe flow with a small liquid holdup[J]. International Journal of Multiphase Flow, 1989, 15(6): 947-964.

[14] Ahn T H, Yun B J, Jeong J J. Void fraction prediction for separated flows in the nearly horizontal tubes[J]. Nuclear Engineering Technology, 2015, 47(6): 669-677.

[15] Xiao X, Zhu Q Z, Chen S W, et al. Investigation on two-phase distribution in a vibrating annulus[J]. Annals of Nuclear Energy, 2017, 108: 67-78.

[16] Armand A A. The resistance during the movement of a two-phase system in horizontal pipes[J]. Izvestiya Vsesoyuznogo Teplotekhnicheskogo Instituta, 1946, 1: 16-23.

[17] Greskovich E J, Cooper W T. Correlation and prediction of gas-liquid holdups in inclined upflows[J]. AIChE Journal, 1975, 21(6): 1189-1192.

[18] Chisholm D. Two phase flow in pipelines and heat exchangers[M]. London: George Godwin in Association with The Institution of Chemical Engineers, 1983.

[19] El Hajal J, Thome J R, Cavallini A. Condensation in horizontal tubes, part 1: two-phase flow pattern map[J]. International Journal of Heat and Mass Transfer, 2003, 46(18): 3349-3363.

[20] Thom J R S. Prediction of pressure drop during forced circulation boiling of water[J]. International Journal of Heat and Mass Transfer, 1964, 7(7): 709-724.

[21] Zivi S M. Estimation of steady state steam void fraction by means of the principle of minimum entropy production[J]. Journal of Heat Transfer, 1964, 86: 247-252.

[22] Baroczy C J. A systemic correlation for two phase pressure drop[J]. Chemical Engineering Progress Symposium Series, 1966, 62: 232-249.

[23] Smith S L. Void fractions in two phase flow: a correlation based upon an equal velocity head model[J]. Proceedings of the Institution of Mechanical Engineers, 1969, 184: 647-657.

[24] Chisholm D. Pressure gradients due to friction during the flow of evaporating two-phase mixtures in smooth tubes and channels[J]. International Journal of Heat and Mass Transfer, 1973, 16(2): 347-358.

[25] Hamersma P J, Hart J. A pressure drop correlation for gas/liquid pipe flow with a small liquid holdup[J]. Chemical Engineering Science, 1987, 42(5): 1187-1196.

[26] Petalaz N, Aziz K. A mechanistic model for stabilized multiphase flow in pipes[J]. Journal of Canadian Petroleum Technology, 2000, 39(6): 43-55.

[27] Nicklin D J. Two-phase flow in vertical tubes[J]. Transactions of the Institution of Chemical Engineers, 1962, 40: 61-68.

[28] Hughmark G A. Holdup and heat transfer in horizontal slug gas-liquid flow[J]. Chemical Engineering Science, 1965, 20(12): 1007-1010.

[29] Gregory G A, Nicholson M K, Aziz K. Correlation of the liquid volume fraction in the slug for horizontal gas liquid slug flow[J]. International Journal of Multiphase Flow, 1978, 4(1): 33-39.

[30] Rouhani S Z, Axelsson E. Calculation of void volume fraction in the subcooled and quality boiling regions[J]. International Journal of Heat and Mass Transfer, 1970, 13(2): 383-393.

[31] Bonnecaze R H, Erskine W, Greskovich E J. Holdup and pressure drop for two phase slug flow in inclined pipes[J]. AIChE Journal, 1971, 17(5): 1109-1113.

[32] Mattar L, Gregory G A. Air oil slug flow in an upward-inclined pipe - I: slug velocity, holdup and pressure gradient[J]. Journal of Canadian Petroleum Technology, 1974, 13(1): 69-76.

[33] Kokal S L, Stanislav J F. An experimental study of two-phase flow in slightly inclined pipes-II. liquid holdup and pressure drop[J]. Chemical Engineering Science, 1989, 44(3): 681-693.

[34] Bestion D. The physical closure laws in the CATHARE code[J]. Nuclear Engineering Design, 1990, 124(3): 229-245.

[35] Sterman L S. The generalization of experimental data concerning the bubbling of vapor through liquid[J]. Technical Physics, 1956, 1: 1479-1485.

[36] Flanigan O. Effect of uphill flow on pressure drop in design of two-phase gathering systems[J]. Oil and Gas Journal, 1958, 56: 132-141.

[37] Neal L G, Bankoff S G. Local parameters in co-current mercury-nitrogen flow: parts I and II[J]. AIChE Journal, 1965, 11(4): 624-635.

[38] Wallis G B. One dimensional two-phase flow[M]. New York: McGraw-Hill, 1969.

[39] Huq R, Loth J L. Analytical two-phase flow void fraction prediction method[J]. Journal of Thermo Physics, 1992, 6(1): 139-144.

[40] Yashar D A, Wilson M J, Kopke H R, et al. An investigation of refrigerant void fraction in horizontal, microfin tubes[J]. HVAC & R Research, 2001, 7(1): 67-82.

[41] Cioncolini A, Thome J R. Void fraction prediction in annular two phase flow[J]. International Journal of Multiphase Flow, 2012, 43: 72-84.

[42] 蔡博. 复杂截面螺旋通道内气液两相流动特性研究[D]. 北京: 北京工业大学, 2018.

第9章 振动状态下气液两相流型识别方法

流型是气液两相流的一个重要特征参数，准确判断流型种类对相关设备的安全稳定运行有重要意义。起伏振动下气液两相流动参数的变化规律更加复杂，给流型的准确识别带来巨大挑战。本章分别从不同流动压差信号的多尺度熵率以及压差信号特征值提取角度出发，提出两种适用于起伏振动的气液两相流型识别方法，为振动状态下流型的判别提供参考。

9.1 基于多尺度熵率的流型识别方法

两相流的内部气液结构的改变会导致压差波动的变化，其中的压差波动信号更是蕴藏了大量的流动信息，因此对压差波动信号的分析有利于揭示两相流的动力学特性及内部流动结构。目前的多相流参数检测手段中所得到的信号，差压信号的测量属于比较成熟的技术部分[1]，本试验选用差压信号作为分析流型动力学特征的信号。通过小波分解、滤波、重构对采集信号进行去噪处理，基于小波变换的边缘提取算法合理地选取阈值，对采集到的信号进行去噪，然后使用多尺度熵方法对起伏振动状态下气液两相流的压差波动信号进行分析研究。

9.1.1 多尺度分析方法介绍

差压信号的传统分析方法有时域、频域等方法获得 PSD 或者 PDF 图，可以对流型进行分析，但是用这种方法分析流型之间的特征信息有交叉现象，所以仅仅依靠这种方法并不能准确地区分识别不同流型。

多尺度非线性分析方法在两相流中应用广泛，取得了较好的效果，自从 Richman 和 Moorman[2]提出了样本熵（sample entropy，SampEn）概念，解决了近似熵依赖数据长度等问题。若对数据的处理仅限于某一尺度上，便难以全面分析数据特征。因为单一尺度下不同的信号序列计算的熵值可能相同，所以有必要在多尺度下计算熵值变化，多尺度下的特征可以获得更有价值的隐藏信息[3]。Costa 等[4]在心率变异性研究中发现，使用多尺度熵分析能够很好地区别正常心率和病变心率信号。多尺度熵（multi-scale entropy，MSE）在解释病症差别方面有着良好的分析效果。

Zhou 等[5]将多尺度熵应用于棒束通道差压信号分析，更好地揭示了流型动力学信息及辨识流型。周云龙等[6]使用多尺度熵对棒束通道差压信号进行分析，结果得出小尺度下的多尺度熵率对主要流型的识别率达到100%，将多尺度熵和小波分析结合 R/S 分型分析两种方法进行对比发现后者可以揭示各尺度上流型的动力学特性，但不能有效对流型进行分类，所以多尺度熵分析方法在流型辨识方面更有优越性。侯延栋[7]使用多尺度熵及分层熵方法分析棒束通道差压波动数据，对比得出分层熵算法能揭示复杂信号内部特征，并有较好的鲁棒性。但对于棒束通道的泡状-搅混流和搅混流不能有效区分，在流型辨识方面效果不甚理想。多尺度熵可以在多个尺度上显现不同流型的动力学复杂性，且较好地辨识了棒束内的四种典型流型，再一次说明这种分析方法作为非线性分析较为复杂信号序列的优势。

　　经过计算以及相关文献中的分析对比，本节使用多尺度样本熵方法对起伏振动状态下五种典型流型的差压波动数据进行分析，从多个尺度对几种流型的压差波动数据进行计算比对，从多尺度上揭示两相流动的相关特性，并将小尺度下的熵值进行拟合，得到多尺度熵率，从而进行流型识别。

9.1.2　多尺度熵理论

　　多尺度熵即是将原始时间序列进行粗粒化处理，然后对各个尺度计算样本熵，具体算法介绍如下。

　　（1）设长度为 L 的原始数据为 $\{x(i)：i=1，2，3，\cdots，L\}$。

　　（2）将原始数据进行粗粒化处理，构建长度为 $N=L/\tau$ 的序列，有

$$y^{\tau}(t)=\frac{1}{\tau}\sum_{i=(j-1)\tau+1}^{j\tau}x(i),(0\leqslant j\leqslant N) \tag{9-1}$$

　　（3）长度为 N 的序列可以按照顺序形成 $N-m+1$ 个 m 维向量，即

$$Y_m^{\tau}(i)=[y_m^{\tau}(i),y_m^{\tau}(i+1),y_m^{\tau}(N-m+1)],(1\leqslant i\leqslant N-m+1) \tag{9-2}$$

　　（4）两个 m 维向量的距离定义为

$$d[Y_m^{\tau}(i),Y_m^{\tau}(j)]=\max\left\{\left|Y_m^{\tau}(i+k)-Y_m^{\tau}(j+k)\right|:0\leqslant k\leqslant m-1\right\} \tag{9-3}$$

　　（5）固定阈值 r，对于每一个 i 统计 $Y_m^{\tau}(i)$ 与 $Y_m^{\tau}(j)$ 距离小于 r 的个数，计算统计数目占距离总数 $N-m$ 的比值，定义为 $A_i^m(r)$，即

$$A_i^m(r)=(N-m)^{-1}\{\text{num}(d[Y_m^{\tau}(i),Y_m^{\tau}(j)]\leqslant r)\} \tag{9-4}$$

　　（6）对 $A_i^m(r)$ 求均值可得

$$A_m^{\tau}(r,N)=(N-m+1)^{-1}\sum_{i=1}^{N-m+1}A_i^m(r) \tag{9-5}$$

　　（7）增加维数至 $m+1$，重复步骤（2）～步骤（6），得到 $A_{m+1}^{\tau}(r,N)$。

（8）计算样本熵

$$\text{SampEn}(m,r,N)=-\ln A_{m+1}^{\tau}(r,N)\,/\,A_m^{\tau}(r,N) \tag{9-6}$$

（9）计算粗粒化后各个尺度 τ 取值下的序列的样本熵值，即可得多尺度熵，以上计算过程中，根据资料及相关文献中的取值，维数 m 取 2，阈值 r 取原始时间序列标准差（SD）的 0.1～0.25 倍。

需要注意的是，多尺度熵值的计算过程中需要先将原始数据进行粗粒化处理，计算原始序列的标准差，并不是粗粒化后的时间序列分别计算熵值。关系到 r 值的选取，并不是粗粒化之后，而是原始序列的标准差倍数。

9.1.3　典型信号的多尺度熵分析

为了验证多尺度熵在计算非线性时间序列上的正确性，本节选取几个典型的时间序列，如正弦、高斯白噪声、洛伦兹（Lorenz）等序列进行多尺度熵值分析，几种典型时间序列的产生条件如下：

（1）正弦信号 $y=3\sin x$。

（2）添加噪声的正弦信号 $y=3\sin(x)+py_1$，其中 y_1 是高斯白噪声序列，p 是噪声成分所占的比例，根据文献[4]中所取的值参考对比，本次选取噪声成分比例 $p=0.2$。

（3）Lorenz 方程：

$$dx/dt=-\sigma x+\sigma y$$

$$dy/dt=rx-y-xz$$

$$dz/dt=-bz+xy$$

式中：$\sigma=10$，$r=28$，$b=8/3$，初值条件为 $x=1$，$y=0$，$z=1$。

（4）添加噪声的 Lorenz 信号，将第（3）项中所得的变量 y 加上 30dB 的噪声。

上述各个信号时间序列多尺度熵如图 9-1 所示。当尺度有所增大，高斯白噪声的熵值逐渐减小；正弦信号整体熵值较低，在前 7 个尺度较小的尺度下增加速度较慢，第 8 个尺度之后熵值基本没有变化，而且一直位于较低的水平，并未有所增加，出现这种熵值变化的原因是正弦信号的周期性以及规律性的特征；而 Lorenz 序列相对复杂一些，反映在多尺度熵图上即前 7 个尺度几乎线性增加，第 8 个尺度后熵值开始振荡。三种信号对比复杂度不同，熵图不同，可以说明多尺度熵可以用来分析不同非线性序列的复杂程度。同时正弦信号和 Lorenz 序列在加入噪声前后的熵值变化保持一致，说明多尺度熵分析方法具有一定的抗噪性。

选取不同长度的高斯白噪声序列，分别计算其在多尺度条件下的熵值，如图 9-2 所示，由图可知不同长度噪声序列的熵值变化趋势差异非常小，并且本次选取的 5 个长度下的信号序列多尺度熵图线条变化趋势处处保持一致，如第 10

个尺度都显示出了一个凹槽，第 18、21、24 尺度时均出现向上增加，充分显示了多尺度熵在序列长度上分析计算的稳定性。由此可知，试验所选取的压差波动信号序列长度必须能完整反映原始信号特征，同时又要保证计算速度，所以本节研究的压差波动序列选取的长度为 5000 点。

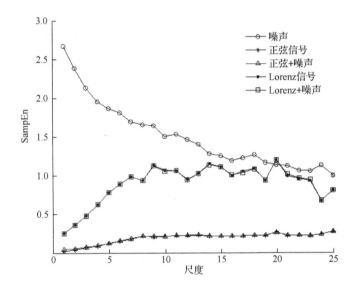

图 9-1　典型信号时间序列多尺度熵图

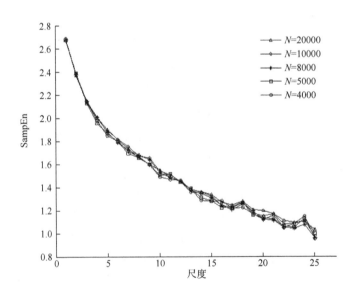

图 9-2　不同长度下高斯白噪声的多尺度熵图

9.1.4 试验结果分析

本节试验将两相流试验回路与振动装置连接在一起，振动试验设备包括振动控制仪、功率放大器、振动台台体、传感器及计算机，振动台上固定一个透明有机玻璃管道（管径 35mm），测试段长度为 2000mm，取压距离为 1200mm，试验段可以进行倾角的调节，试验管道随振动台做正弦运动。试验在常温下进行，控制压力在 0.1～0.15MPa，单相水的体积流量 Q_W 范围是 0.3～20m³/h，单相气的体积流量 Q_G 范围是 0.3～100m³/h。

试验段做偏离平衡位置的简谐运动，流型拍摄使用高速摄影仪，压差信号的采集使用差压变送器以及数据采集仪。数据信号的采集选择 NI USB6363 采集仪。试验中图像采集系统主要包括高速摄像仪以及荧光灯照明设备。照明设备采用三基色荧光灯，摄影仪采用瑞士 Lavision 公司研发的高速摄像系统，其最大分辨率为 1536×1024，帧频达到 1000～10000 帧/s，因此能够充分满足本次试验中流型的动态记录过程。通过观察透明试验管道及高速摄影仪拍摄照片对流型进行识别分类，并与相关文献对比总结得出，起伏振动状态下倾斜管内流型与稳定状态下倾斜管内流型有一定区别，本次试验条件下主要有泡状流、珠状流、起伏弹状流、准弹状流和环状流 5 种典型流型，观察流型时同步采集不同流型对应的压差波动数据，试验中设置压差数据的采集频率为 500Hz，本次分析的信号序列选取典型工况下的试验数据，倾角 $\theta=15°$，振动频率 $f=8Hz$，振幅 $A=5mm$ 工况下的压差波动数据 10s，共计 5000 个数据点。

1. 压差波动数据处理

因为试验中获得的压差波动信号会掺杂一些与信息无关的噪声，因此在进行统计分析之前需要提前进行处理含噪声的差压信号。本次计算多尺度熵值之前采用小波去噪的方法对 5 种典型流型的压差波动信号进行去噪处理。经过预处理之后的典型流型压差信号波动如图 9-3 所示。将图 9-3 曲线与稳定状态下倾斜管内的压差波动曲线相对比可发现，典型流型的压差波动曲线相似，并未因振动而造成明显不同。原因是振动导致管内流型的改变，但是管道整体均处于振动状态，因振动而产生的附加力对两个测压孔处流体的影响是相同的，所以压差数据波动情况与稳定状态相似。但是振动状态下 5 种不同流型其压差波动曲线对比差别明显，可以据此对流型进行区分以及分析动力学特性。

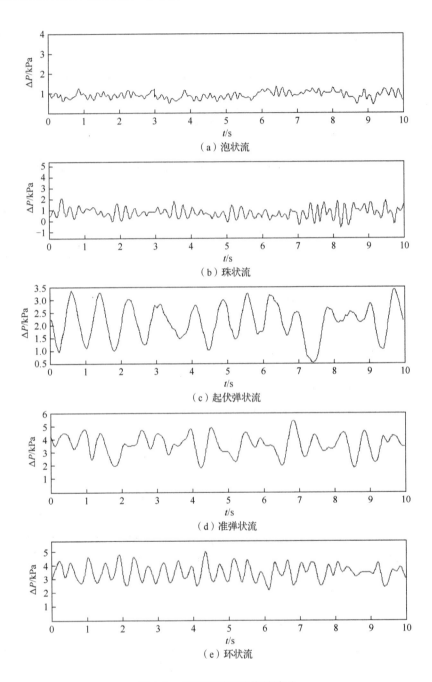

图 9-3　典型流型压差信号波动

2. 起伏振动状态下两相流多尺度熵及动力学特性

在气液两相流的多尺度熵的分析中，参考已有的文献数据[8-9]，本节中 r 取采集的原始时间序列标准差的 0.12 倍，序列匹配长度 m 取为 2，最大粗粒化尺度为 25，分析的数据长度为 5000 点。

从图 9-4 和图 9-5 中可以看出两种液相流量下的多尺度熵图并没有太大区别，这 5 种典型流型在较小尺度下（前九个）其熵值都是逐渐增加，接近单调递增，但是当尺度比较大时，就出现了很大的差异，图中可以明显观察到。总体来看熵值大小对比如下：泡状流>珠状流>准弹状流>起伏弹状流>环状流。根据对于多尺度熵的理论验证表明，泡状流的信号序列最为复杂，珠状流与之相比复杂程度稍低，起伏弹状流和环状流的信号相对来说复杂度最低。

从不同尺度的多尺度熵值变化来看，前 9 个尺度上 5 种典型流型的熵值变化率存在一定不同，泡状流的熵值增加变化最快，环状流最慢；在第 10 个尺度及以后，当尺度继续增大，泡状流的熵值不会继续增加，反而会有滞后，并且出现较大幅度的振荡现象；同时珠状流的熵值也是和尺度成正比，并且当尺度较高时候，会与泡状流的熵值有所接近甚至交叉，也是有大幅振荡曲线，并没有平稳的变化。起伏弹状流和准弹状流在尺度增大到 10 以后显示出比较平缓的变化，并且曲线有小幅度的波动，但是明显没有泡状流和珠状流的变化大。分析环状流的熵值变化曲线可以看到，其熵值曲线位于最下方，缓慢增加，在第 15 个尺度之后基本上稳定在这个水平，并没有其他流型出现的曲线振荡现象。

除此之外，不同流型的多尺度熵特征还可以分析流型的内部演变特征，具体如下。

（1）泡状流中整体表现为液相连续，气相以弥散泡状的形式聚集在管道中上方，随着液相一起向前运动。由于振动作用导致气泡运动随机复杂，信号与随机信号相似，所以表现为较高熵值以及大尺度下的高幅振荡特征。

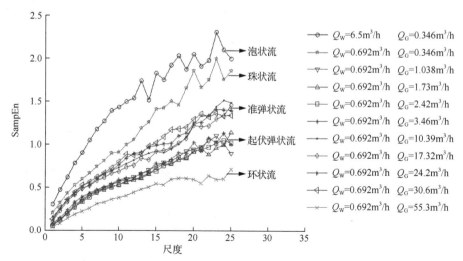

图 9-4　不同流型压差波动信号的多尺度熵图

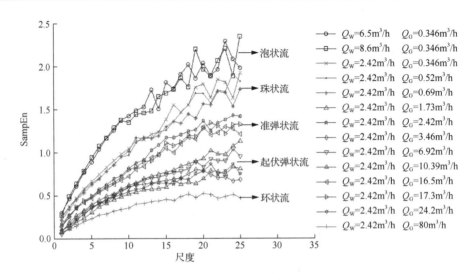

图 9-5　液相流量增加时不同流型压差波动信号多尺度熵图

（2）珠状流的形成原因是起伏振动条件下原本以块状形态存在的气相因振动而发生破裂，形成珠状或豆状气泡，分布在试验管路的中部或者上部，有的粘连在一起，有的以分散的单独气泡存在，随着气相折算速度的增加，管道中气柱慢慢变长，当达到一定程度的时候，振动不能够再使气块破裂，我们以此作为区分珠状流和起伏弹状流的标准。此时珠状流既有泡状流的随机性，又有一定的间歇性，但珠状气泡运动更偏向于随机，所以其整体熵值较高，在较大尺度下接近于泡状流熵值，同时也有较大幅度的振荡。

（3）起伏弹状流产生原因是振动导致的液相波动不足以使气块破裂成珠状，气液两相间歇流动，液层波动明显，此时的气液两相以一种新的状态存在，其基本特征为气柱与液弹间歇流动，气相下端的液层波动，液层上面漂浮一层细小气泡，在液层随管道运动的过程中来不及下落而悬浮于管道中部，有的则粘在管壁上，同时液弹中间也裹挟大量细小的气泡。管道中气液两相的流动具有一定的规律性，所以根据多尺度熵分析的特点可知，其熵值比较小。

（4）对于准弹状流来说，液相在管道下方匍匐前进，形成翻滚波，当气相折算速度继续增加的时候，高速气流携带液体冲过覆盖整个管道，被冲散的液体随着高度的增加和凝聚，又滑落下来，与下一时刻的来流产生冲击与振荡，堵塞管道。此时管道内呈现出一种随机流动现象，但是其随机性又不会如泡状流或珠状流那么高，所以会出现介于珠状流与起伏弹状流之间的熵值。

（5）环状流，当液相流量较低，气相流量较高的时候，液相像一层薄膜分布在管道四周，高速气体从管道中间通过，夹杂携带液丝，液相和气相均连续，从图像上看，振动对环状流的影响并不大，因为此时与高速气流的作用力相比振动附加力的作用可以忽略，此压差波动信号具有一定的稳定性，所以其熵值最低。

9.1.5　流型识别

从图 9-4 和图 9-5 可看出，较小尺度下（前 9 个尺度）5 种流型的熵值变化率显然各不相同，将前 9 个尺度样本熵的增长率用最小二乘法进行线性拟合得到其斜率，定义为多尺度熵率（rate of MSE）。依据不同流型的多尺度熵率不同来识别流型。图 9-6 显示了本试验结果中的 95 种流动条件下不同流型的多尺度熵率分布情况：泡状流为 0.095～0.140；珠状流为 0.075～0.095；起伏弹状流为 0.025～0.06；准弹状流为 0.06～0.075；环状流为 0.025 以下。其中有三个珠状流多尺度熵率不在划分范围内，在 95 种流动条件中，整体识别率达到 96.84%。总体来讲，多尺度熵率对典型流型的识别还是比较可靠的。

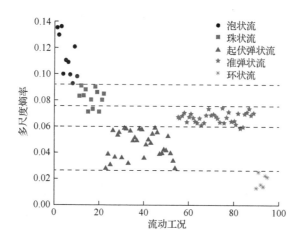

图 9-6　不同流动工况下的多尺度熵率

9.2　基于完备经验模态分解和概率神经网络的流型识别方法

由 6.1 节研究结果可知起伏振动下垂直上升管气液两相流型比较复杂，由于受到振动的影响，流型的典型结构被破坏，弹状流和搅混流特征比较接近，这使得单纯从视觉角度判断流型变得更加困难且极具主观性，流型转变界限难以判定。为了提高结果的准确性，采取图像视觉甄别与流型识别相结合的方式确定流型转变界限。由于起伏振动下压差波动更加复杂，振动信号和原有压差信号融合，使得特征值提取更加困难，需要提出适用于起伏振动的气液两相流型识别方法。

对气液两相流压差信号进行分析提取特征值是流型识别的常用手段，其中模式分解被广泛应用于流型识别信号预处理。1998 年，Huang 等[10]提出了适用于非线性非平稳时域信号分析的希尔伯特黄变换（Hilbert-Huang transform，HHT）方法，该方法成功用于流型识别。HHT 主要包括经验模态分解（empirical mode decomposition，EMD）和 Hilbert 谱分析，其中 EMD 为核心，能够将非线性非平稳信号分解为多个模式，但是存在模式混叠问题。Wu 和 Huang[11]采用加入噪声的方法减小 EMD 的模态效应，提出了集合经验模态分解（ensemble empirical mode decomposition，EEMD），但仍存在模式混合、信号叠加高斯白噪声产生噪声残余以及模式过分解问题。Torres 等提出了加入自适应白噪声的完备经验模态分解（complete ensemble empirical mode decomposition，CEEMDAN），能够有效解决 EMD 分解过程中的模态混叠问题，同常用的 EEMD 方法相比，迭代次数减少，增加了重构精度，更适合非线性信号的分析[12]。CEEMDAN 广泛应用于故障诊断、负荷预测、信号降噪等领域，取得了理想的效果[13-19]，但目前尚未应用于流型识别。本节针对起伏振动下压差信号的复杂性，采用 CEEMDAN 方法进行特征提取，结合概率神经网络进行低频高幅起伏振动垂直上升管气液两相流型识别。

9.2.1　CEEMDAN-Hilbert 变换

1. CEEMDAN 算法

加入自适应白噪声的完备经验模态分解（complete ensemble empirical mode decomposition，CEEMDAN）算法在 EMD 算法基础上加入了自适应白噪声，计算步骤如下[12]。

定义 $E_j(\cdot)$ 为采用 EMD 方法分解信号得到的第 j 阶本征模函数（intrinsic mode function，IMF）分量，ω^i 为符合标准正态分布的白噪声，ε 为噪声标准差，IMF_j 为 EMD 算法得到的第 j 阶 IMF 分量，$\overline{\mathrm{IMF}}_j$ 为 EEMD 算法得到的第 j 阶 IMF 分量，$\widetilde{\mathrm{IMF}}_j$ 为 CEEMDAN 分解得到的第 j 阶 IMF 分量。

对信号 $x[n]+\varepsilon_0\omega^i[n]$ 进行 1 次变换，得到第一阶 IMF 分量：

$$\widetilde{\mathrm{IMF}}_1[n] = \frac{1}{I}\sum_{i=1}^{I}\mathrm{IMF}_1^i[n] = \overline{\mathrm{IMF}_1[n]} \qquad (9\text{-}7)$$

计算一阶残余信号：

$$r_1[n] = x[n] - \widetilde{\mathrm{IMF}_1[n]} \qquad (9\text{-}8)$$

对 $r_i[n]+\varepsilon_1 E_1(\omega^i[n])$，$i=1,\cdots,I$ 进行分解，直到出现 EMD 第一阶分量，定义二阶分量为

$$\widetilde{\mathrm{IMF}}_2[n] = \frac{1}{I}\sum_{i=1}^{I}E_1\left(r_1[n]+\varepsilon_1 E_1\left(w^i[n]\right)\right) \qquad (9\text{-}9)$$

对 $k=2,\cdots,K$，计算第 k 次残余：

$$r_k[n] = r_{k\text{-}1}[n] - \widetilde{\mathrm{IMF}}_k[n] \qquad (9\text{-}10)$$

对 $r_k[n]+\varepsilon_k E_k(\omega^i[n]),i=1,\cdots,I$ 进行分解，直到出现 EMD 第一阶分量，定义 $k+1$ 阶分量为

$$\widetilde{\mathrm{IMF}}_{k+1}[n] = \frac{1}{I}\sum_{i=1}^{I}E_1\left(r_k[n]+\varepsilon_k E_k\left(\omega^i[n]\right)\right) \qquad (9\text{-}11)$$

重复上述步骤，直到 $k=K$。

上述步骤一直进行到残余分量的极值点数不超过 2 个，分解终止。最终的残余分量为

$$R[n] = x[n]-\sum_{k=1}^{K}\widetilde{\mathrm{IMF}}_k \qquad (9\text{-}12)$$

式中：K 为分解总模式数。原始信号 $x[n]$ 可表示为

$$x[n] = \sum_{k=1}^{K}\widetilde{\mathrm{IMF}}_k + R[n] \qquad (9\text{-}13)$$

2. 表征 IMF 选择

原始信号经 CEEMDAN 分解后产生的多个 IMF 分量与原始信号满足正交性，可以通过两者的相关系数判断该 IMF 分量是否具有表征意义，从而避免原始信号中虚假信号和噪声的干扰。目前大多数文献采用经典的皮尔逊相关系数进行判断，然而 IMF 分量和原始信号之间是非线性关系，且不呈正态分布，结果会产生一定的偏差。本书采用能够适用于非线性相关的 Spearman 相关系数进行判别。

原始信号 $x[n]$ 和第 j 阶 IMF 分量 $\widetilde{\mathrm{IMF}}_j[n]$ 之间的 Spearman 相关系数 ρ_j 为

$$\rho_j = 1-\frac{6\sum\limits_{k=1}^{n}\left(x[n]-\widetilde{\mathrm{IMF}}_j[n]\right)^2}{n\left(n^2-1\right)} \qquad (9\text{-}14)$$

3. Hilbert 变换

对于任意给定的原始信号 $x(t)$，Hilbert 变换的表达式为

$$H\left[x(t)\right] = \frac{1}{\pi}\mathrm{PV}\int_{-\infty}^{+\infty}\frac{x(\tau)}{t-\tau}\mathrm{d}\tau \qquad (9\text{-}15)$$

式中：PV 为奇异积分的主值（principal value of singular integral）。

经过 Hilbert 变换，解析信号定义为

$$z(t) = x(t)+iy(t) = a(t)\mathrm{e}^{i\theta(t)} \qquad (9\text{-}16)$$

式中：$a(t)$ 和 $\theta(t)$ 称为瞬时幅值（instantaneous amplitude）和相函数（phase function），定义如式（9-17）和式（9-18）：

$$a(t) = \sqrt{x^2 + y^2} \tag{9-17}$$

$$\theta(t) = \arctan\left(\frac{y}{x}\right) \tag{9-18}$$

则瞬时频率（instantaneous frequency）为

$$\omega = \frac{d\theta}{dt} \tag{9-19}$$

对分解得到的每一个内模函数进行 Hilbert 变换，原始信号 $x(t)$ 可由式（9-20）表示：

$$x(t) = \Re\left\{ \sum_{j=1}^{n} a_j(t) \exp\left[i\int \omega_j(t)dt \right] \right\} \tag{9-20}$$

Hilbert 时频谱，简称 Hilbert 谱，可表示为

$$H(\omega,t) = \Re\left\{ \sum_{j=1}^{n} a_j(t) \exp\left[i\int \omega_j(t)dt \right] \right\} \tag{9-21}$$

为了便于利用 Hilbert 变换识别流型，定义分解后的各模态分量的能量为

$$E_j = \left| a_j(t) \right|^2 \tag{9-22}$$

4. IMF 能量归一化

由于不同信号的 IMF 能量数据范围不同，为了准确识别不同流型，需要对 IMF 能量进行归一化处理。假设 m 为具有表征意义的 IMF 数量，则

$$E = \left(\sum_{i=1}^{m} \left| E_i \right|^2 \right)^{1/2} \tag{9-23}$$

归一化后的能量 E_j' 为

$$E_j' = \frac{E_j}{E} \tag{9-24}$$

9.2.2 概率神经网络

概率神经网络（probabilistic neural networks，PNN）是施佩希特（Specht）根据贝叶斯（Bayes）分类规则与 Parzen 的概率密度函数提出的。借助 Parzen 窗理论获得已知类别数据的结构关系，建立研究对象的数学模型和统计模型[20]，用先验知识预测新样本类别，渐进达到贝叶斯最优决策边界。概率神经网络能基于线性学习算法高精度的特点来完成非线性学习算法所需的工作，被广泛应用于分类问题，是一种能够有效克服噪声污染并且对大量测试数据进行模式分类的工具，在模式识别和分类领域得到越来越多的认可[21]。

概率神经网络主要包括输入层、模式层、求和层以及输出层。输入层的传递函数是线性的，在网络工作时，样本数据 YB 由输入层直接传递到模式层，输入层的神经元个数与样本长度一致。

模式层神经元数目与输入训练样本个数相等[22]，在模式层中计算的是输入样本 YB 与训练集中每个训练样本 YB_j 的距离，然后通过径向基函数对其进行非线性映射获得输出量 M，该非线性映射由高斯函数来实现。

$$M_{ij}(YB) = \frac{1}{\pi n \xi^2} \exp\left[\frac{\left\|YB_i - YB_j\right\|}{2\xi^2}\right] \tag{9-25}$$

式中：ξ 为高斯分布的方差（平滑因子）。

求和层神经元个数与目标类别数目相同。求和层把隐含层中属于同一类的隐含神经元的输出做加权平均，即

$$P_i = \frac{M_{ij}(YB)}{N} \tag{9-26}$$

式中：P_i 为第 i 类类别的输出；N 为第 i 类的神经元个数。

输出层中的节点数等于目标类别数。输出层承接求和层的输出，并做简单的阈值判别，输出判定的目标模式概率为 1，其余为 0，即

$$out = \max(P_i) \tag{9-27}$$

9.2.3　流型识别方法

本节分别采用 EEMD 和 CEEMDAN 算法对压差信号进行模式分解，结合概率神经网络对不同流型进行识别，具体步骤如下。

（1）分别选取包含所有振动工况的不同流型压差信号，每种流型 80 组，其中 50 组为训练数据，30 组为测试数据。

（2）对原始压差信号进行小波降噪。

（3）采用 EEMD 和 CEEMDAN 方法对降噪后的压差信号进行分解。

（4）计算 EEMD 和 CEEMDAN 分解后各 IMF 分量与原始信号的 Spearman 相关系数，选择相关系数较大的 IMF 分量作为具有表征意义的 IMF 分量。

（5）对筛选出的 IMF 进行 Hilbert 变换，计算 IMF 能量。

（6）将 IMF 能量进行归一化处理。

（7）以归一化后的 IMF 能量为特征值，采用 PNN 进行流型识别，通过对比识别结果得出最佳识别方法。

9.2.4　试验结果分析

虽然 6.1 节研究表明低频高幅起伏振动垂直上升管内的流型有所改变，甚至出现了新的流型，但是新流型所占范围较小，并且不是所有工况下都存在。为了

方便后续研究，将混合流弹状流内，将停滞流归入环状流内，仍按照传统上升管的流型划分方法，将其分为泡状流、弹状流、搅混流和环状流，如图 9-7 所示。

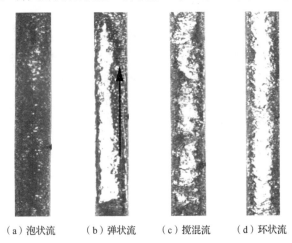

（a）泡状流　　　（b）弹状流　　　（c）搅混流　　　（d）环状流

图 9-7　起伏振动垂直管气液两相流型

1. 不同流型压差信号及模式分解

基于 EMD 的经典 HHT 变换已被证实能够用于气液两相流型识别，并且取得比较理想的效果。然而起伏振动下压差信号的波动更加剧烈，与静止管道相比增加了振动信号以及由振动引起的噪声。相同流动工况静止和起伏振动管道不同流型的原始压差对应电压波动信号如图 9-8 所示。

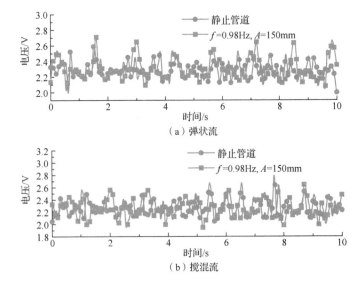

图 9-8　静止和起伏振动管道不同流型的原始压差对应电压波动信号

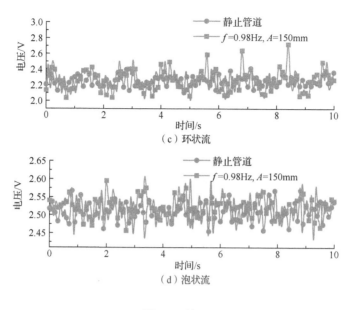

图 9-8（续）

由图 9-8 可知，与静止管道相比，振动状态下不同流型的差压信号波动都有所加剧，以弹状流和环状流表现尤为明显。在相同气相和液相折算速度下，以平均值为基准，与静止管道相比起伏振动下弹状流的波动范围由-12.67%～14.34%增至-11.77%～18.8%；环状流的波动范围由-8.08%～11.89%增至-11.18%～20.98%。静止管道内除了泡状流外，其他三种流型的电压平均值差别较小，均在2.25～2.3 之间，起伏振动下不同流型的平均值虽有所变化但依然在该范围内，无法通过平均值和波动范围对流型进行准确区分。

图 9-8 中不同状态下不同流型管道压差频谱如图 9-9 所示。由图 9-9 可知，静止管道内，弹状流和搅混流具有较为明显的波动频率，但不存在主频率，而环状流和泡状流无明显波动频率。起伏振动管道内，所有流型的电压信号均包含振动频率分量，且该频率为波动的主频率。此外，弹状流和搅混流具有其特有的波动频率。由于起伏振动状态下所有流型具有相同的主频率，采用传统的频域分析法无法对流型做出准确识别。

采用 EEMD 对其进行分解，结果如图 9-10 所示。由图 9-10 可知，EEMD 对两者的分解均存在模式混叠和过分解现象，且振动状态下的分解结果从 IMF1～IMF7 的模式混叠现象更加严重。

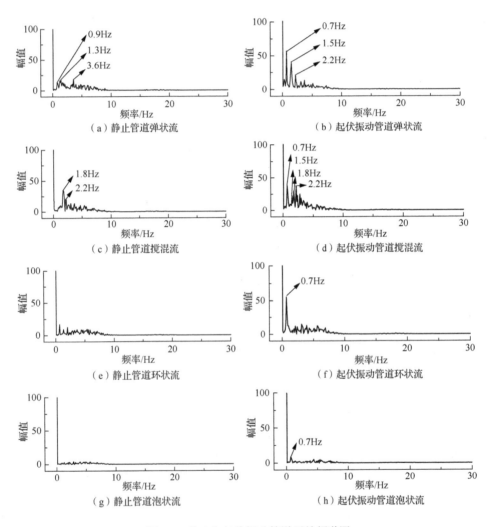

图 9-9　静止和起伏振动管道压差频谱图

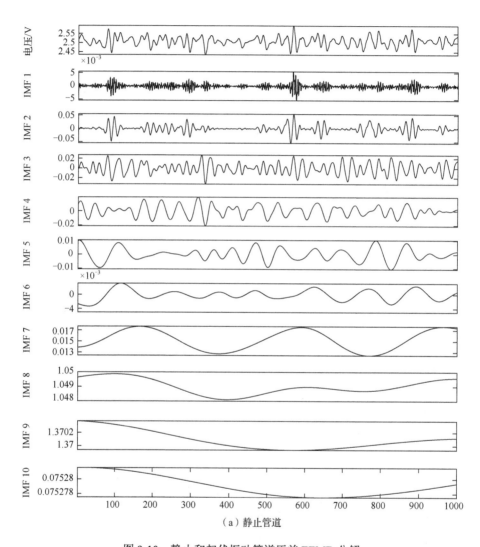

（a）静止管道

图 9-10　静止和起伏振动管道压差 EEMD 分解

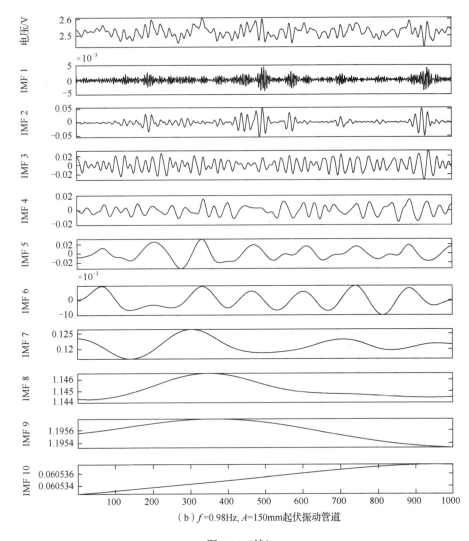

（b）f=0.98Hz，A=150mm起伏振动管道

图9-10（续）

分别采用 EEMD 和 CEEMDAN 对泡状流压差信号分解，如图9-11 所示。从图9-11 中可以看出 EEMD 的分解结果从 IMF10～IMF12 都存在过分解问题，导致引入无关分量，而 CEEMDAN 算法采用加入自适应的白噪声结合相互抵消的处理，可以最大程度降低白噪声对结果的影响，有效解决过分解和模式混叠问题，分解的结果更具代表性。

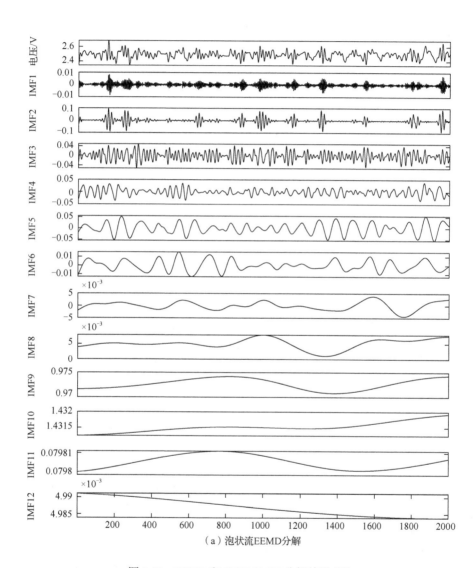

（a）泡状流EEMD分解

图 9-11 EEND 和 CEEMDAN 分解结果对比

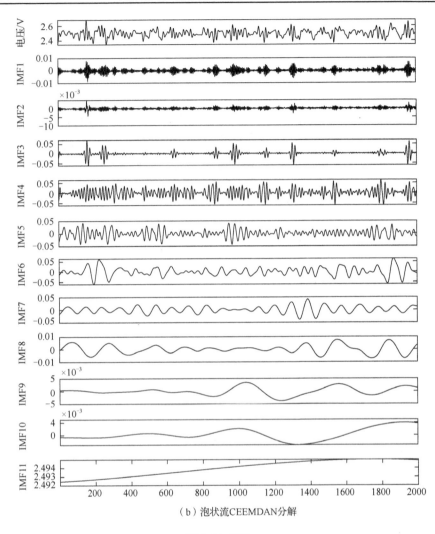

（b）泡状流CEEMDAN分解

图 9-11（续）

计算 EEMD 和 CEEMDAN 分解得到每个 IMF 分量和原始信号的斯皮尔曼（Spearman）相关系数，部分结果见表 9-1 和表 9-2。虽然采用 EEMD 分解得到的模式有 12 个，但是具有表征意义的 IMF 分量却只有 6 个，而采用 CEEMDAN 分解得到的模式只有 11 个，但具有表征意义的 IMF 分量有 7 个，与 EEMD 相比，CEEMDAN 方法能够在分解层数较少的情况下获得更多有效的 IMF 分量。如上所述，起伏振动管道内不同流型的电压信号波动规律比较复杂且含有多个波动频率，导致模式分解出现更多的模式分量，而本书采用的 CEEMDAN 方法能够减少模式分量数量的同时获得更多的有效特征值，不仅能够减少计算资源，而且能提高识别正确率。

表 9-1 EEMD 分解各 IMF 分量和原始信号相关系数

序号	1	2	3	4
IMF1	0.7327	0.5494	0.6480	0.6519
IMF2	0.5329	0.8512	0.5994	0.7782
IMF3	0.2796	0.5334	0.4961	0.4046
IMF4	0.3519	0.2623	0.3407	0.1618
IMF5	0.4307	0.1124	0.2052	0.1575
IMF6	0.2693	0.0611	0.1489	0.1653
IMF7	0.0275	0.0216	0.0539	0.0204
IMF8	0.0358	0.0066	0.0205	0.0108
IMF9	0.0219	0.0012	0.0285	0.0082
IMF10	0.0171	0.0020	0.0137	−0.0058
IMF11	0.0171	0.0025	0.0134	−0.0048
IMF12	−0.0027	0.0053	0.0116	−0.0051

表 9-2 CEEMDAN 分解各 IMF 分量和原始信号相关系数

序号	1	2	3	4
IMF1	0.7246	0.7076	0.6480	0.6522
IMF2	0.5510	0.6326	0.5749	0.7314
IMF3	0.502	0.6692	0.582	0.6502
IMF4	0.3016	0.5061	0.4954	0.3202
IMF5	0.2898	0.2255	0.3424	0.1278
IMF6	0.4026	0.0794	0.1943	0.1628
IMF7	0.3032	0.1222	0.1474	0.1594
IMF8	−0.0138	0.0514	0.0556	0.0001
IMF9	0.0217	0.0430	−0.0004	−0.0015
IMF10	0.0192	0.025	0.027	0.0094
IMF11	0.0131	0.0632	0.02	−0.0118

2. 不同方法识别结果对比

采用提出的新方法进行流型识别,结果如图 9-12 所示,识别准确率见表 9-3。结果表明,在同样采用 PNN 进行流型识别情况下,与 EEMD 方法相比,采用 CEEMDAN 对压差信号进行模式分解和特征值提取能够获得更好的识别效果,准确率为 95.83%,并且对每种流型都具有较高的识别率。在识别错误数据中,弹状流出现 3 个,其中有 2 个弹状流误识别为环状流,1 个误识别为泡状流;环状流出现 1 个,误识别为泡状流;搅混流出现 1 个,误识别为环状流。出现该错误的原因有三方面:一是振动状态下不同流型的信号波动都比较剧烈,提取的某些特征值区分度不太明显;二是选择的部分数据可能处于流型过渡区域,导致不同流型的特征值区分不够明显;三是训练样本数量较少,导致神经网络预测结果出现误差。

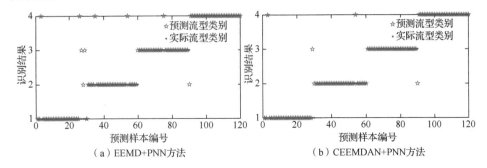

（a）EEMD+PNN方法　　　　　　　　（b）CEEMDAN+PNN方法

图 9-12　不同方法识别结果

表 9-3　不同识别方法准确率　　　　　　　　　（单位：%）

流型	识别正确率	
	EEMD+ PNN	CEEMDAN+ PNN
弹状流	83.33	90
环状流	90	96.67
搅混流	93.33	96.67
泡状流	100	100
综合	91.67	95.83

本节提出的基于 CEEMDAN-Hilbert 变换结合 PNN 的流型识别方法可以用于起伏振动状态气液两相流型识别,有助于后文流型转变界限的确定,并且为基于信号分解的流型识别技术提供了一种高效可靠的模式分解新方法。

9.3　小　　结

起伏振动下压差波动规律更加复杂,导致流型识别更加困难。本章分别用多尺度熵结合神经网络和加入自适应白噪声的完备经验模态分解（CEEMDAN）结合概率神经网络的方法对高频低幅振动倾斜上升管和低频高幅振动垂直上升管气液两相流型进行识别,结果表明提出的两种方法能够对起伏振动气液两相流型进行精准识别。

参 考 文 献

[1] 王经. 气液两相流动态特性的研究[M]. 上海: 上海交通大学出版社, 2012.

[2] Richman J S, Moorman J R. Physiological time-series analysis using approximate entropy and sample entropy[J]. American Journal of Physiology Heart and Circulatory Physiology, 2000, 278(6): 2039-2049.

[3] 李春峰, Christopher L. 基于小波多尺度分析的奇性指数: 一种新地震属性[J]. 地球物理学报, 2005, 48(4): 882-887.

[4] Costa M, Goldberger A L, Peng C K. Multiscale entropy analysis of complex physiologic time series[J]. Physical Review Letters, 2002, 89(6): 068102.

[5] Zhou Y L, Hou Y D, Li H W, et al. Flow pattern map and multi-scale entropy analysis in 3×3 rod bundle channel[J]. Annals of Nuclear Energy, 2015, 80: 144-150.

[6] 周云龙, 尹洪梅, 丁会晓. 多尺度熵在棒束通道气液两相流压差信号分析中的应用[J]. 化工学报, 2016, 67(9): 3625-3631.

[7] 侯延栋. 棒束通道内两相沸腾换热特性及压差波动特性的研究[D]. 吉林: 东北电力大学, 2015.

[8] 樊春玲, 金宁德, 陈秀霆, 等. 两相流流动结构多尺度复杂熵因果关系平面特征[J]. 化工学报, 2015, 66(4): 1301-1309.

[9] 郑桂波, 金宁德. 两相流流型多尺度熵及动力学特性分析[J]. 物理学报, 2009, 58(7): 4485-4492.

[10] Huang N E, Shen Z, Long S R, et al. The empirical mode decomposition and Hilbert spectrum for nonlinear and non-stationary time series analysis[J]. Proceedings of the Royal Society, 1998, 454: 903-995.

[11] Wu Z H, Huang N E. Ensemble empirical mode decomposition: a noise-assisted data analysis method[J]. Advances in Adaptive Data Analysis, 2009, 1(1): 1-41.

[12] Torres M E, Colominas M A, Schlotthauer G, et al. A complete ensemble empirical mode decomposition with adaptive noise[C]//IEEE International Conference on Acoustics, Speech and Signal Processing, Prague, Czech Republic, 2011: 4144-4147.

[13] 刘兆亮, 颜丙生, 刘春波, 等. 基于 CEEMDAN-FastICA 的滚动轴承故障特征提取[J]. 组合机床与自动化加工技术, 2021(3): 61-65.

[14] 李亚男, 程志友. 基于 CEEMDAN 算法及 NARX 神经网络的短期负荷预测[J]. 安徽大学学报(自然科学版), 2021, 45(2): 38-46.

[15] 古莹奎, 曾磊, 张敏, 等. 基于 CEEMDAN-SQI-SVD 的齿轮箱局部故障特征提取[J]. 仪器仪表学报, 2019, 40(5): 78-88.

[16] 蒋玲莉, 谭鸿创, 李学军, 等. 基于 CEEMDAN 排列熵与 SVM 的螺旋锥齿轮故障识别[J]. 振动. 测试与诊断, 2021, 41(1): 33-40.

[17] 赵小惠, 张梦洋, 石杨斌, 等. 改进 CEEMDAN 算法的电机轴承振动信号降噪分析[J]. 电子测量与仪器学报, 2020, 34(12): 159-164.

[18] 杨彦茹, 温杰, 史元浩, 等. 基于 CEEMDAN 和 SVR 的锂离子电池剩余使用寿命预测[J]. 电子测量与仪器学报, 2020, 34(12): 197-205.

[19] 耿读艳, 王晨旭, 赵杰, 等. 基于 CEEMDAN-PE 的心电冲击信号降噪方法研究[J]. 仪器仪表学报, 2019, 40(6): 155-161.

[20] 汪敏, 王亦红. 神经网络在织物疵点分类识别中的应用[J]. 计算机工程与设计, 2016, 37(1): 221-225.

[21] 苗永红, 柏国龙. 基于概率神经网络的孔压静力触探的土层界面识别[J]. 济南大学学报(自然科学版), 2017, 31(4): 279-284.

[22] 陈明. MATLAB 神经网络原理与实例精解[M]. 北京: 清华大学出版社, 2013.